土壌物理学

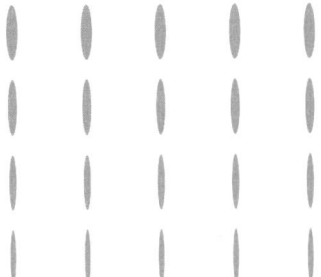

宮﨑　毅　長谷川周一　粕渕辰昭
著

朝倉書店

Appendix

はじめに

　本書は，対話の中から生まれた教科書である．対話は，まず共著者3名の中で開始された．「土壌物理学の教科書が見当たらない」「研究者用の土壌物理はあるが，教室で使える学生用の土壌物理学の教科書はないのではないか？」「海外の図書には有益な土壌物理の本が多いが，翻訳すると高い本になり，また，日本の特徴が本に反映されない」「これまで，やさしい本が出版されていない」などの対話である．

　さらに，対話は各著者が所属する大学の教室で，学生との間で交わされた．「教科書を早く出して欲しい」「演習問題が書いてあり，丁寧な解答が書いてある教科書が欲しい」「これまでの土壌物理学の本は，難しくてよくわからない」などである．さらに，初稿ができ上がった段階で，将来研究者を目指している大学院生との間でも対話が交わされた．初稿に目を通した9名の現役大学院生と2名の若手助手は，初稿の全てのページに書き込みを行い，手厳しい意見を寄せてくれた．

　本書は，土壌物理学の教科書として，大学の1年生，2年生，ないし3年生（大学によって教務スケジュールが異なる）が学ぶレベルで書かれている．半年で講義を行う大学であれば，ちょうどそれに見合う量となっている．さらに，学生自らが独学を志す場合にも困らないように配慮したつもりである．各章の末尾に配した演習問題は，過去10年間に共著者の大学で，演習あるいは試験問題として使われたものを土台としている．解答や解説をつけたので，参考にしていただきたい．

　近年，環境問題が大きく取り上げられる中で，土の中の物質移動問題に注目

する研究者や，それを志す新しい人が増えている．他分野から土中の物質移動問題へ越境する人も少なくないように見受けられる．本書は，他の分野から土壌物理へ越境したい人にとっても，基礎的な知識を得るのに利用できると思う．

　対話の中で生まれた本書は，土壌物理学の基礎学習として必要な項目を網羅し，しかも研究者にしかわからないような特殊な問題を持ちこまず，わかりやすく，標準的な内容とすることを心がけた．やさしい教科書を書くことは実は極めて難しいということを重々知りつつ，必要に迫られ，止むにやまれず執筆した本書が，分野を越えて教育の場で活用されるよう願ってやまない．

2005年4月

宮﨑　毅
長谷川周一
粕渕辰昭

目　次

1. 土とは何か ………………………………………………………… *1*
　1.1　土の役割 ……………………………………………………… 1
　1.2　土の組成 ……………………………………………………… 3
　1.3　水の性質 ……………………………………………………… 8
　1.4　粘土の性質 …………………………………………………… 8
　1.5　土の構造 ……………………………………………………… 13
　演習問題 …………………………………………………………… 15

2. 土の保水性 ………………………………………………………… *18*
　2.1　保水のメカニズム …………………………………………… 18
　2.2　土中水のポテンシャル ……………………………………… 21
　2.3　水分特性曲線 ………………………………………………… 26
　2.4　水分恒数 ……………………………………………………… 28
　演習問題 …………………………………………………………… 29

3. 土の中の水移動 …………………………………………………… *31*
　3.1　細い円管内の水の流れ ……………………………………… 31
　3.2　飽和流 ………………………………………………………… 32
　3.3　不飽和流 ……………………………………………………… 39
　3.4　不飽和浸透流の諸相 ………………………………………… 44
　演習問題 …………………………………………………………… 51

4. 土の中の溶質移動 ……………………………………………… 54
4.1 溶質移動のメカニズム ………………………………… 54
4.2 溶質の吸着と脱着 ……………………………………… 60
4.3 溶質移動現象とブレークスルーカーブ ……………… 62
演習問題 ………………………………………………… 64

5. 土の中の熱移動 ………………………………………………… 66
5.1 土の温度 ………………………………………………… 66
5.2 地表面の熱収支 ………………………………………… 68
5.3 土の中の熱伝導現象 …………………………………… 69
5.4 比熱，熱容量，温度伝導度 …………………………… 73
演習問題 ………………………………………………… 74

6. 土の中のガス移動 ……………………………………………… 77
6.1 土の中のガス成分 ……………………………………… 77
6.2 土の中のガス移流 ……………………………………… 78
6.3 土の中のガス拡散（水蒸気以外の場合） …………… 80
6.4 土の中のガス拡散（水蒸気の場合） ………………… 81
6.5 フィールドで見られる CO_2 ガスの挙動 …………… 83
6.6 微生物による土中の CO_2 ガス発生と拡散現象 …… 85
6.7 その他のガス移動 ……………………………………… 86
演習問題 ………………………………………………… 87

7. 土の中の移動現象を表す基礎方程式 ………………………… 89
7.1 連続の式 ………………………………………………… 89
7.2 飽和浸透流の基礎方程式 ……………………………… 90
7.3 不飽和浸透流の基礎方程式（リチャーズ方程式） … 91
7.4 溶質移動の基礎方程式（移流・分散方程式） ……… 92
7.5 熱移動の基礎方程式 …………………………………… 94
7.6 ガス拡散の基礎方程式 ………………………………… 97

	7.7 移動現象の基礎方程式 … 98
	演習問題 … 98

8. 土壌物理の測定原理とその活用 … *100*
   8.1 土中水のポテンシャルの測定原理 … 100
   8.2 TDRを用いた土壌水分量の測定原理 … 103
   8.3 飽和透水係数の測定原理 … 105
   8.4 土の熱伝導率の測定原理 … 109
   演習問題 … 111

9. 環境問題と土壌物理学 … *113*
   9.1 土壌物理学の歴史と環境問題 … 113
   9.2 溶質移動が関与する環境問題と土壌物理学 … 114
   9.3 土の不均一性が問題となる場合の土壌物理学的手法 … 120
   9.4 土壌侵食問題に対する土壌物理学の寄与 … 121
   演習問題 … 124

参考文献 … 127
付録　本書に使われた記号 … 131
索引 … 135

1. 土とは何か

　地球の陸地の表面は主として土で覆われている．土は静止した物体ではなく，母材である岩石の風化から生じて変化しつつある物体であり，その一部は水や風で輸送されて別の場所に堆積する．土には植物が生え，地上や地下では動物，微生物などの生物が生息して呼吸し，これら動植物の遺体は有機物として土に混入され，分解される．土は，このような無機物や有機物の集積物であり，その状態は周囲の気候環境に応じて時間的に変化している．

　土の現在の状態を調べるには，まず物理的・化学的・生物的側面からその特徴を調べ，次に，各特徴の相互関係を調べることへと展開していく．写真を印刷する場合，まず赤，青，黄の三原色にフィルターを通して分光し，その後，三つを合成して自然の色を復元するのに似ている．土の科学は，これらを物理的・化学的・生物学的側面からそれぞれ解明するものであり，相互に補完しあう科学である．

　この章では，土壌物理学を学ぶための入口として，まず，土が地球上で，どのような物理的役割をはたしているかを概観してみることから始めよう．その後，土の基本的な物理的性質を見ることにする．

1.1　土の役割
a．土はエネルギー輸送と物質循環の主要な場

　土は，大地を覆い，地上物を支え，動物の生息環境や植物の生育環境を与える場，あるいは農業生産物を生み出す場としての役割が大きいが，これに加えて，実は，エネルギー輸送と物質循環の主要な場であるということは，見落とされることが多い．

　地表面は日中太陽放射エネルギーを受け取る．そのエネルギーの一部は，土

および大気の温度を上昇させ，他の一部は地表面から水を蒸発させる．夜間は，太陽放射エネルギーの供給はなくなり，代わって，土中に蓄積したエネルギーを大気中に放出する．このように，地表面は昼と夜とでは流れるエネルギー方向が逆転し，日周変化をしている地球上でもっとも温度変化の激しい部分であるとともに，エネルギーが変換し，流れる場である．

次に，土は，その間隙内に水や空気を保持し，透過させることができる．水について見てみよう．地表にある水の一部は，エネルギーを得て暖められ，蒸発し，上空に達し，エネルギー（潜熱）を放出して水滴すなわち雲となり，雨として再び地表に降り注ぐ．供給された水は土の間隙内に流れ込み，地表面近くの土に保持され，ふたたび地表面から蒸発したり，植物の根によって吸収され葉から蒸散したり，さらに深くに達し地下水となったりする．この水といっしょに，土中では水に溶解した物質や，コロイド物質が移動する．それだけでなく，土中で水が移動するときには，熱も輸送される．このように土中水は，地球におけるエネルギー輸送と物質循環の主要な要素としての役割を果たしている．

空気も，土の重要な構成成分である．土壌空気は大気の組成に近いが，土中生物の呼吸によって，大気よりも CO_2（二酸化炭素）などの濃度は高い．また，表層を除けば，土の中の間隙空間に含まれる水蒸気はほとんど飽和していて，相対湿度は100％に近い．このように，CO_2 にせよ水蒸気にせよ，土壌間隙中と大気中とでは濃度に相違があるので，大気と土との接触面すなわち地表面では，常にガス交換が行われている．

以上のように，土はエネルギー輸送と物質循環の主要な場であり，しかも，エネルギー輸送と物質循環は，相互の関連が強い．

b．土壌物理学を学ぶ意義

土壌物理学は，土におけるエネルギー輸送や物質循環を調べ，よりよい状態へと変える方法を開発していくことを主な課題としている．このような土壌物理学の応用は，農業技術，道路・河川・建物など構造物の基盤を扱う土木・建設技術，土を材料にする陶業など，人間生活の様々な分野に貢献し得る．さらに最近では，環境問題と関係し，土壌汚染や地下水汚染，温室効果ガス発生などと土の中のエネルギー輸送，物質循環との関連を定量的に解明することも求

められている．

　土壌物理学を学ぶにあたっては，その一般的な内容を正しく理解することが大切であるが，同時に，上記のようなエネルギーと物質輸送は，気候，地表条件，土の構成要素，場所，時間などにより，様々に異なることにも注意しなければならない．土壌物理学の知識を機械的に適用することをやめ，条件に応じた適用を心がけることにより，この学の意義はより大きくなる．

1.2　土の組成

a．粒径分布と土性

　土は，固相，液相，気相の三相から構成される．固相は，岩石の風化物である無機物と，植物を主とする生物の分解物である有機物とからなり，特に，風化過程で岩石から二次的に生成された，粒径の小さい粘土鉱物を含む場合が多い．土の特徴を決める主要な指標の一つに固相の粒径組成がある．土壌分類学では粒径によって，粘土（<0.002 mm），シルト（0.002〜0.02 mm），砂（0.02〜2 mm），礫（>2 mm）の四つに分け，礫を除いた三つの質量比によって組成を表し，これを土性（soil texture）という．

　土性を決める詳細な操作方法は，実験書で学んでもらうこととするが，大まかには，次のように行われる．まず，土を室内で乾燥させ，目の大きい篩にかけ，礫や木の根などを取り除く．そのあと，過酸化水素水を用いて，土中に含まれる有機物を取り除く．さらに，酸やアルカリを用いて，鉄などの酸化物を溶解させ取り除いたあと，粘土粒子をバラバラにするために分散剤を入れ，場合によっては超音波をかけて，分散させる．この懸濁液を用い，各種の方法を用いて粘土とシルトの質量を求める．その後，懸濁液を組み篩に流し，各篩に残った砂の質量を測定する．こうして測定した土の粘土，シルト，砂は必ずしも粒径の境目ではないので，測定した粒径以下の画分を加算し百分率で表す．縦軸を百分率，横軸を粒径とすると図1.1のような粒径加積曲線が得られる．粘土分の多い土では図の粒径の細い土のように，砂分の多い土では図の粒径の粗い土のような曲線を描く．粒径加積曲線をもとに，粒径の境界毎の質量比から粘土，シルト，砂の質量割合を求め，図1.2に示すような三角座標を用いて12区分に分類した土性名を決めることができる．図1.1に示した土の土性は，

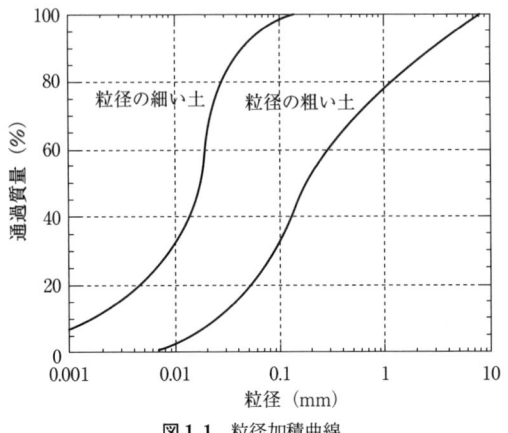

図1.1 粒径加積曲線

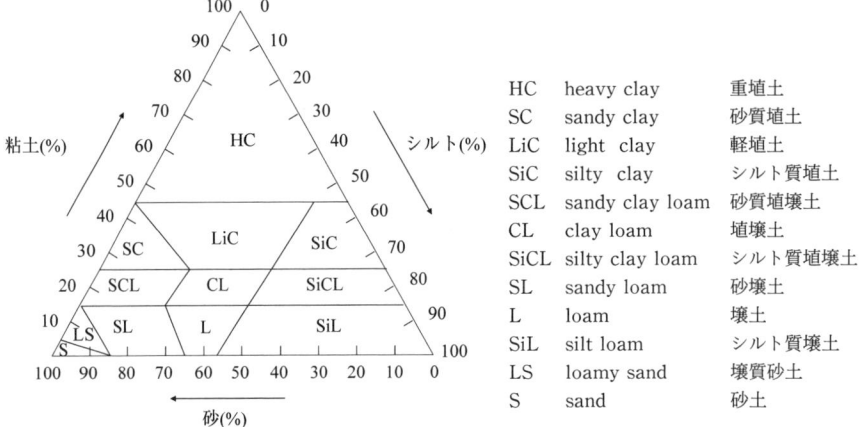

図1.2 土性図

それぞれ SiL(シルト質壌土)，S(砂土) であることがわかる．このように，「土性」は土の中に含まれる有機物をできるだけ排除した無機物について，粒径により分類したものである．

b．土の構成を表現する基本量

固相は，無機物である土粒子と，植物を主とする生物の分解物である有機物とからなり，液相は土壌溶液であり，水とそこに溶解した有機・無機物質とから構成されている．気相は，大気の組成とほぼ同じであるが，二酸化炭素を多

く含み，水蒸気でほぼ飽和しているという特徴をもつ．三つの相の体積比を三相分布という．この分布により，どのような土か，どのような状態にあるかを大まかに把握することができる．

　土を物理的に記述するために，三相分布のほか，以下のような基本量を定義して用いる．本書では，V は体積，M は質量，ρ は密度，下付の添字は s が固体，w が液体（水），a が気体，b が嵩，f が間隙，t が全体を表すことにする．図1.3 に示す三相の体積および質量を参照すると，以下に示す定義式を理解しやすい．

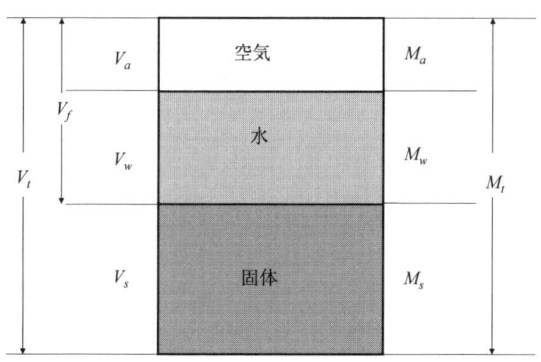

図1.3　土の三相の質量・体積割合

●土粒子密度 (particle density) ρ_s　　　　定義式：　$\rho_s = \dfrac{M_s}{V_s}$　　(Mg m^{-3})

　土粒子の密度は，異なった多くの物質から構成されているにもかかわらず，ほぼ一定であり，多くの土では，2.5〜2.8 Mg m^{-3}（=2.5〜2.8 × 10^3 kg m^{-3}）の範囲にある．ただし，ほとんどが有機物から構成されている泥炭土はこれより小さく，1.5〜2.0 Mg m^{-3} 程度である．ときどき使用される指標である真比重とは，水の密度に対する土粒子密度の比であり，無次元である．

●乾燥密度 (dry bulk density) ρ_b　　　　定義式：　$\rho_b = \dfrac{M_s}{V_t}$　　(Mg m^{-3})

　105°Cで24時間乾燥した土の単位体積あたりの質量である．よく使用され

る指標である仮比重とは，水の密度に対する乾燥密度の比である．沖積土の乾燥密度は，1.0 Mg m^{-3}（仮比重1.0）程度が多く，黒ボク土（火山灰土）では $0.5 \sim 0.6 \text{ Mg m}^{-3}$ と小さく，砂土，洪積土では 1.5 Mg m^{-3} を超えるものもある．

● 湿潤密度 ρ_{soil}　　定義式：　$\rho_{\text{soil}} = \dfrac{M_t}{V_t}$　　(Mg m^{-3})

　生土，すなわち自然状態から採取した土の単位体積あたりの質量である．この質量は，採取したときの水分状態によって異なるので，湿潤密度は常に変動しているが，現場作業や土の輸送作業などにおいては，湿潤密度の実用性が高い．

● 固相率 $\dfrac{V_s}{V_t}$　　$(\text{m}^3 \text{ m}^{-3})$

　全体積に対する固体の体積の比であり，土の特徴をよく示す．固相率が0.1以下という小さい場合は泥炭土であり，$0.2 \sim 0.3$ 前後の場合は火山性土，0.3台は沖積土，0.4以上になると砂土あるいは古い土（洪積土）である場合が多い．

● 気相率（空気間隙率）a　　定義式：　$a = \dfrac{V_a}{V_t}$　　$(\text{m}^3 \text{ m}^{-3})$

　全体積に対する空気の体積の比であり，土の通気係数やガス拡散係数を表すときに必要である．

● 体積含水率（水分率，volumetric water content）θ

　　　　　定義式：　$\theta = \dfrac{V_w}{V_t}$　　$(\text{m}^3 \text{ m}^{-3})$

　全体積に対する水の体積の比であり，降雨，潅漑，蒸発，排水による土壌水分の変化や植物が吸収できる水の割合などを表すのに用いる基本量である．

● 間隙率 (porosity) n　　定義式：　$n = \dfrac{V_f}{V_t}$　　$(\text{m}^3 \text{ m}^{-3})$

　間隙率は，間隙の体積分率を示し，$(1.0 -$ 固相率$)$ に等しい．

●間隙比 (void ratio) e　　　定義式：　$e = \dfrac{V_f}{V_s}$　　（m³ m⁻³）

固体の体積に対する間隙の体積の比である．膨潤性や収縮性の大きい土では間隙比をパラメータとして用いることが多い．

●含水比 (water content) ω　　　定義式：　$\omega = \dfrac{M_w}{M_s}$　　（kg kg⁻¹）

固体の質量に対する水の質量の比であり，体積含水率とともによく用いる．土の質量は105℃で24時間乾燥して得られる値である．含水比はまた，$(M_t - M_s)/M_s$ と表せるから，採取した土の湿潤質量（M_t）と乾燥させた土の質量（M_s）から容易に計算できる．さらに，含水比に乾燥密度を乗じ，水の密度 ρ_w で除すことにより，体積含水率に変換できる（$\theta = \omega \rho_b / \rho_w$）．定容積で採土できなかった水分量の表示，間隙率の変化する泥炭土や粘質土の水分量を表すのにも有効である．

●飽和度 (degree of saturation) s　　　定義式：　$s = \dfrac{V_w}{V_f}$　　（m³ m⁻³）

間隙体積に対する水の体積の比を表す．

以上の定義において，すべてSI単位系を用いたが，以下の点に注意を要する．SI単位系では，原則として各単位の分母には基本単位であるkg（質量），m（長さ），s（時間）を用いるよう推奨されている（ただし，慣用単位を重視し，この原則を適用しない場合もある）．各単位の分子は必用に応じて接頭語を変えることができ，たとえば質量の場合gやMg，長さの場合cmやmmなどを用いてよい．なお，各定義において分子分母の単位が同一である場合，無次元となるので，以後，本文中でも単位を記載しない場合，または100倍して％表示とする場合がある．

c．基本量の相互関係

各基本量の間の相互関係は，以下のように導くことができる．これらは，よく用いられる代表的な関係である．

$$\theta = \dfrac{\omega \rho_b}{\rho_w} \qquad \omega = \theta \dfrac{\rho_w}{\rho_b}$$

$$e = \dfrac{n}{(1-n)} \qquad n = \dfrac{e}{(1+e)}$$

1.3 水の性質

土には必ず水が含まれている．水は地球上の表面の 2/3 以上を被い，どこにでも存在する極めて身近な存在である．しかし，その物理的，化学的性質は，他の物質に比べてかなり特異的である．

水は簡単な 3 原子分子であるが，分子構造は図 1.4 のように酸素原子を中心として，水素原子が約 105°の角度で共有結合している．この結果，電気的には分極し，水素は＋側に酸素は－側に帯電している．このことが，水素結合の原因となり，水の特異的性質のもととなっている．水の融解熱，蒸発潜熱が大きいこと，比熱が極めて大きいこと，密度が大きいこと，結晶（氷）の密度が液体より小さいこと，約 4°C で密度が最大となること，表面張力が大きいこと，粘性が大きいこと，熱伝導率が大きいこと，誘電率が極めて大きいこと，など，水は異常ずくめと言えるほど特異的である（表 1.1）．これらの性質が，土の持つ性質にも大きな影響を及ぼしている．

前節でも述べた，土の役割の一つは，この水を保持し，流すことができることであり，第 2 章および第 3 章で詳しく説明することにする．

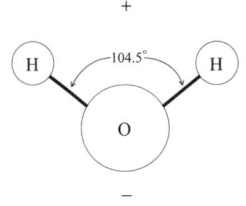

図 1.4 水分子の構造

表 1.1 水の物性値

融解熱 （kJ mol^{-1}）	6.01	(0°C)
蒸発潜熱 （kJ mol^{-1}）	40.66	(100°C)
比熱 （J K^{-1} g^{-1}）	4.1816	(20°C)
密度 （Mg m^{-3}）　液体	0.99820	(20°C)
液体	0.99997	(4°C)
固体	0.917	(0°C)
表面張力 （10^{-3} N m^{-1}）	72.75	(20°C)
粘性 （10^{-3} Pa s）	1.002	(20°C)
熱伝導率 （W m^{-1} K^{-1}）	0.610	(27°C)
比誘電率	80.4	(20°C)

1.4 粘土の性質

a．粘土鉱物

物理的風化により岩石が崩壊，細粒化した粒子は一次鉱物と呼ばれる．花崗岩の風化土であるマサ土に含まれる石英や長石は一次鉱物である．これに対して，粘土鉱物は，長い年月をかけて化学的風化作用により生成された微細粒子

で，二次鉱物といわれる．土が植物を育て，物理的，化学的に多様な特徴を持つのはこの粘土鉱物の存在によるところが非常に大きい．

粘土鉱物には結晶性粘土鉱物と非晶質粘土鉱物とがある．結晶性粘土鉱物は図1.5のようなケイ酸四面体とアルミニウム八面体が重なってできている．ケイ酸四面体とアルミニウム八面体が対になっている粘土鉱物を1：1型粘土鉱物といい，カオリナイトが典型である．カオリナイトは水分が減っても収縮量は少なく，陶器の材料などに使われる．一方，アルミニウム八面体をケイ酸四面体がサンドイッチしている粘土鉱物を2：1型粘土鉱物といい，モンモリロナイト（スメクタイト）が典型である．モンモリロナイトは水を含むと体積が非常に膨らむ．土中では図1.5の単位層が鉛直方向に何層にも重なり合い，水平方向にも結合して存在している．非晶質粘土鉱物には黒ボク土（火山灰土）に含まれるアロフェンがある．黒ボク土はわが国の畑面積の半分を占め，硬さ，保水性，透水性，通気性などの物理性は大変良好である．しかし，アロフェンはリン酸を強く保持するため，リン酸肥料が手に入らない時代では化学性の劣る痩せた土の代表であった．

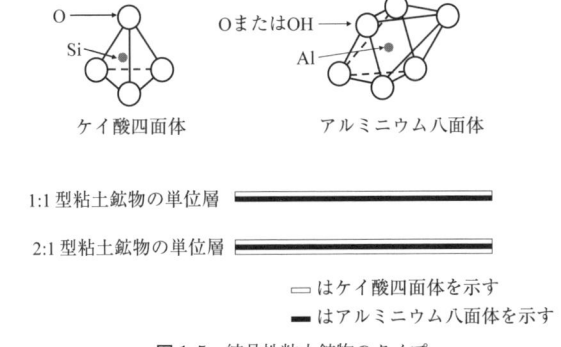

図1.5　結晶性粘土鉱物のタイプ

b．比表面積

乾土1g中に含まれる土粒子の表面積を比表面積という．体積が V の球形粒子 N 個の集合体を仮定するとその総表面積は $A=4\pi r^2 N$，ρ_s を土粒子密度（Mg m^{-3}）とすると質量は $M=\rho_s V N=\rho_s(4/3)\pi r^3 N$ であるので，その集合体の比表面積は $S=A/M=3/(\rho_s r)$ である．たとえば，半径1.0 mmの球粒

子集合体の比表面積は $11.3\,\mathrm{cm^2\,g^{-1}}$, $0.001\,\mathrm{mm}$ の球粒子集合体の比表面積は $1.1\,\mathrm{m^2\,g^{-1}}$ となる．ただし，土粒子密度を $2.65\,\mathrm{Mg\,m^{-3}}$ とした．一方，粘土鉱物は，直径に比べて厚さが非常に小さな板状をしているので，半径 r，厚さ h，体積 V の円板とすると，比表面積は次のように計算される．表面積は $A=2\pi r^2+2\pi rh$, 質量は $M=\rho_s V=\rho_s h\pi r^2$ であるので，比表面積は $S=A/M=2/\rho_s\cdot(1/h+1/r)\fallingdotseq 2/(\rho_s h)$ となる．ここで，$h\ll r$ とした．たとえば，半径が $10^{-3}\,\mathrm{mm}$, 厚さが $10^{-6}\,\mathrm{mm}$ の粘土鉱物の比表面積は $755\,\mathrm{m^2\,g^{-1}}$ となる．半径 $10^{-3}\,\mathrm{mm}$ の球形粒子の比表面積 $1.1\,\mathrm{m^2\,g^{-1}}$ に比べ，約700倍になる．このように，平板状となることで比表面積が非常に大きくなることがわかる．表1.2に，主な粘土鉱物の比表面積を比較して示した．これらの値は粘土鉱物のサイズから推定した理論値（計算値）であり，実測値はこれらの値に近い場合もずれる場合もある．

表1.2　主な粘土鉱物の比表面積

粘土鉱物	比表面積 ($\mathrm{m^2\,g^{-1}}$)
カオリナイト	10～55
ハロイサイト	5～100
モンモリロナイト	770
アロフェン	1050

c．粘土鉱物の荷電

ケイ酸四面体では，図1.5のように通常ケイ素イオンが4個の酸素原子で囲まれ安定な配位をとっている．しかし，粘土鉱物の生成過程で，そのケイ素イオン（+4価）がアルミニウムイオン（+3価）にとって替わられることがある．このとき，四面体は，1単位の負荷電を持つことになる．同様にアルミニウム八面体の中のアルミニウムイオン（+3価）が+2価のマグネシウムイオンや鉄イオンに置き替えられると1単位の負荷電を持つ．このようなメカニズムは同型置換と呼ばれており，環境の変化によって発生や消滅をしないので永久荷電という．粘土鉱物の荷電にはこのほかに土のpHにより粘土鉱物表面の荷電が正となったり負となったりするpH依存荷電（変異荷電）がある．pH依存荷電を持つ粘土鉱物の典型はアロフェンである．腐植は土壌有機物が分解する過程で，微生物により合成された物質で非晶質である．この腐植もpH依存荷電を持っているが，通常負に荷電している．

d．吸着とイオン交換

結晶性粘土は負の荷電を持つので，K^+，NH_4^+，Ca^{2+}のような陽イオンは粘土鉱物表面に引きつけられ吸着されることになる．しかし引きつけられた陽イオンは，粘土鉱物表面に吸着されるだけでなく，粘土表面近傍で濃度が高まることによる沈殿現象（表面沈殿）も同時にひき起こす．これら吸着と表面沈殿とを分離把握することは一般に困難を伴うので，総称して収着と呼ぶこともあるが，本書では従来どおり吸着の概念を用いる．土壌溶液中のイオンの分布は図1.6のように，陽イオンが粒子表面の近傍に多く，陰イオンの数は少ない．しかし，粘土鉱物表面から遠ざかるにつれ陽イオンと陰イオンの数は同数となり，電気的に中性となる．粘土鉱物表面からこの面までを拡散電気二重層といい，その外側を外液という．よく見かける拡散電気二重層の厚さは数nmから数十nmである．

粘土鉱物が負に帯電していることに関して重要な現象にイオン交換がある．例えば，カリウムイオン（K^+）を吸着している粘土鉱物にアンモニウムイオン（NH_4^+）を加えると，図1.7に示すように，表面の一部にはアンモニウムイオンが吸着され，カリウムイオンは溶液中に追い出されるという現象である．陽イオンにはこのようなイオン交換現象があるため，アンモニウムのような陽イオンの土壌中の移動は遅れることになる．また，植物根はH^+イオンを放出し，粘土鉱物に吸着されているK^+やNH_4^+をイオン交換により吸収する

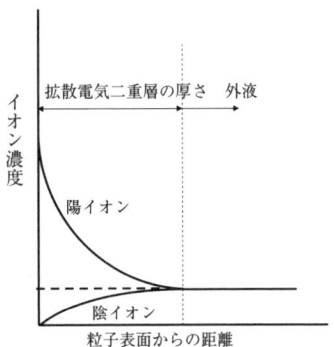

図1.6 土壌溶液中のイオン分布

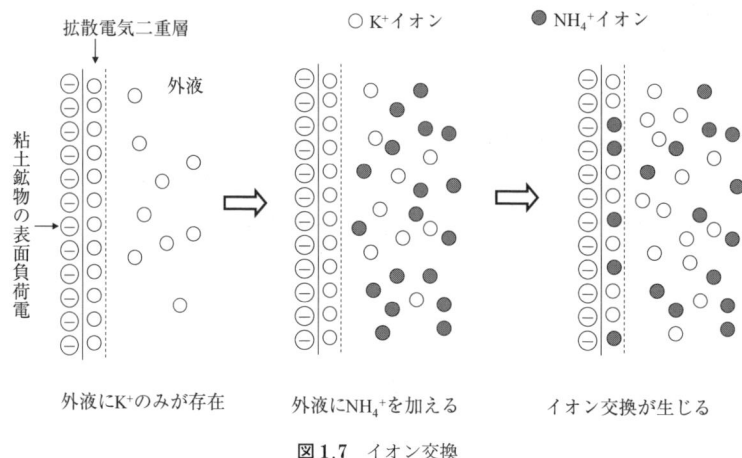

図1.7 イオン交換

が，これはイオン交換という現象が植物の無機栄養吸収を促進するという，自然界のしくみとなっている．

　重金属イオンはプラス荷電を有し，強く粘土鉱物に吸着されているので，重金属で汚染された土壌から金属を取り除くことは困難を伴う．農地で施用される肥料に多く含まれるリン酸も，化学的沈殿反応などによって固定されやすいので，土壌溶液中の濃度は非常に低い．リン酸が農地から流出し，河川などを通じて湖沼などに流入することによって生ずる湖沼の富栄養化は，リン酸を保持した粘土鉱物粒子が湖沼に入るために起こる．同じく肥料に多く含まれる窒素成分から生まれる硝酸イオン（NO_3^-）は陰イオンであるため，粘土鉱物に吸着されることなく水と一緒に流れ，地下水にまで到達することもあり，地下水の硝酸汚染の原因となることもある．ただし，pH依存荷電を持つ土（火山灰土）では，硝酸イオンが吸着されることもありうるが，これは特殊な事例である．

e．分散と凝集

　粘土粒子同士が非常に接近すると引力（ファンデルワールス力）により粘土粒子は集合した状態になる．これを凝集という．一方，粘土粒子が互いに離れている状態を分散という．凝集か分散かは粘土が引きつけている陽イオンの種類や土壌水中のイオン濃度による．カルシウムイオンを吸着している粘土は凝集しやすく，ナトリウムイオンを吸着している粘土は分散しやすい．粘土の入

った水をかき混ぜた後，すぐに澄んでしまう水中の粘土は凝集状態にあり，濁ったままでなかなか澄まない水中の粘土は分散状態にある．

1.5 土の構造

土を構成する粒子は，マクロにみればほぼ均一に分布している．しかしミクロに見ると不均一な分布をしていて，土の物理的性質に大きな影響を及ぼしている．この土の構成の仕方（成り立ち）を構造（soil structure）という．

a．団粒化

土は，一次鉱物，二次鉱物，有機物から構成されるが，これらは，均一に混合されているのではなく，団粒（aggregate）と呼ばれる集合体を形成している場合が多い．この様子は，モデル的には図 1.8 のように示される．この集合体は，超音波をかけたり，酸やアルカリ処理をしないと分散しないような，強固な集合体を形成しているものもある．また，一次団粒，二次団粒と言われるように，団粒化した粒子がさらに集合して高次の構造をもつ場合も知られている．ただし，肉眼で明確な団粒として認められる例は，わが国の場合それほど多くない．世界的には，ロシアのウクライナ地方やアメリカのプレーリーにあるチェルノジョーム（ロシア語で「黒い土」の意）が有名である（図 1.9）．

ミミズはダーウィンの書に描かれているように土を団粒化することで有名である．他に，有機物や石灰の投与，乾湿の繰り返し，土壌動物の存在などが，団粒化に効果があることが知られている．

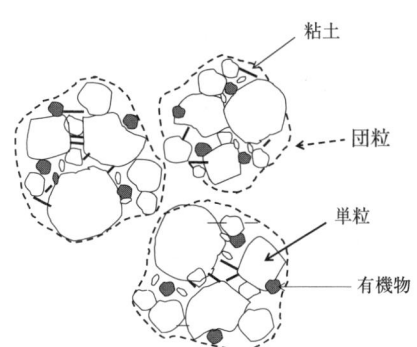

図 1.8　団粒のモデル

図 1.9 ウクライナのチェルノジョーム
砂粒状に見えるのが団粒．

b．植物や動物によるマクロポアの形成

図 1.10 は，土中に造影剤を注入して得られた軟エックス線画像である．これは，植物根の跡が間隙として残ったものであり，根張りの形態そのものが間隙として残っている．このほか，ミミズなどの移動した跡の存在もしばしば見ることができる．このような植物や動物によって形成された大きな間隙は，水みちや空気の通りみちとして機能する場合があり，マクロポア（macropore）と呼ばれる．土の乾燥にともなって生じる亀裂もマクロポアの一つである．

図 1.10 八郎潟干拓地重粘質水田の粗孔隙の軟エックス線写真（深さ 15 cm）（佐藤照男氏提供）

c．土層分布

　土は風化条件や堆積過程の違いにより，性質の異なるいくつかの層位 (horizon) に分けられる．これを土層分布といい，一般に，O層，A層，B層，C層などと分ける．O層は，地表面上に堆積した動植物遺体の有機質層，A層は，表層を意味し，有機物が集積している．B層は母材の影響とA層からの溶脱などの影響を受けた漸移層，C層は母材の風化によって生成された層である．

d．人間の働きかけによる構造の形成

　農業耕作によっても，土の構造が変化する．たとえば，水田における代かき作業は，土をより細粒化させ，均一な層をつくるとともに，透水性を低下させ，土を軟らかくして苗を植えるのを容易にさせている．そのほか，畑でも耕耘により砕土し，播種や移植作業を行っているが，これも一種の構造を形成しているといえる．性質の異なる土を農地に入れ，より利用しやすい農地にする客土は，全く異なる構造の土を持ち込んだものである．

　このように，土の構造とは，その見た目や形態だけに特徴があるのではなく，どのような働き（機能）があるかということと密接不可分の関係にある．機能を内包した形態的特徴を構造ということもできる．これから，土の持ついろいろな物理的機能について学ぶが，常に，どのような構造の土か，ということを念頭に置いておくと，理解の助けになる．

演習問題

　やさしい問題を数多く解くことが，学問を身につけるためのコツである．そして，自然とそのなかから，物を見る目が養われる．紙と鉛筆をもって，挑戦しよう．

1.1　下記の記述から正しいものを選べ．
　ア．世界の土の間隙率は，ほとんどが 80 ％前後である．
　イ．土の 3 相構造とは，有機物と固体と水のことをいう．
　ウ．体積含水率は，含水比より値が大きいことも小さいこともある．

エ．土の比表面積とは，単位質量あたりの土粒子表面積のことをいう．
オ．自然の土を，そのままいろいろなサイズのふるいにかけると，粒子の大きさごとに土粒子成分を分離できるので，粒径組成が求まる．
カ．土粒子の表面は常に負の荷電を持っている．
キ．土中に植物のための無機栄養成分が多いのは，粘土鉱物表面の負荷電に負うところが大きい．
ク．硝酸態窒素は粘土鉱物に吸着されやすく，地下水に到達しないことが多い．
ケ．拡散電気二重層の厚さが大きいと，土は分散しやすい．

1.2 体積含水率が $0.4\,\mathrm{m^3 m^{-3}}$，乾燥密度が $1.12\,\mathrm{Mg\,m^{-3}}$ の土の含水比を求めよ．

1.3 容積が $100\,\mathrm{cm^3}$ で質量が $62\,\mathrm{g}$ の採土円筒で土を採取したところ，全質量は $232\,\mathrm{g}$ であった．これを $105°\mathrm{C}$ で 24 時間乾燥させたときの質量は $192\,\mathrm{g}$ であった．土粒子密度が $2.70\,\mathrm{Mg\,m^{-3}}$ であるとき，乾燥密度 ρ_b，三相分布（固相率，体積含水率 θ，気相率 a），含水比 ω，飽和度 s，間隙率 n，間隙比 e を求めよ．

1.4 粘土，シルト，砂の百分率が 20，30，$50\,\%$ である土の名称は何か．

1.5 直径 $1\,\mathrm{cm}$，質量 $10.11\,\mathrm{g}$ の金製の球を槌で打って厚さ $0.1\,\mu\mathrm{m}$ の円形の金箔にすると，比表面積は何倍になるか．

解　答

1.1　ウ，エ，キ，ケ

　(参考) ア：世界の土の間隙率は，$50\,\%$ 前後が多く，火山灰土壌に限っては $80\,\%$ 前後である．イ：三相構造は，固相，液相，気相をさし，有機物も固相の一部である．オ：土を分散させずに篩にかけて得られるのは団粒サイズの組成である．カ：粘土鉱物や有機物の表面は負の荷電を持つことが多いが，正の荷電を持つ場合もある．ク：硝酸態窒素は負に荷電しているので土に吸着されず，地下水に到達しやすい．

1.2　$\theta = \omega \rho_b / \rho_w$ において，$\theta = 0.4$，$\rho_b = 1.12\,\mathrm{Mg\,m^{-3}}$，$\rho_w = 1.0\,\mathrm{Mg\,m^{-3}}$ を代入すれば，$\omega = 0.357$ を得る．$35.7\,\%$ と答えてもよい．

1.3　[乾燥密度] 定義 $\rho_b = M_s / V_t$ において，$M_s = 192 - 62 = 130\,\mathrm{g}$，$V_t = 100\,\mathrm{cm^3}$ を代入すれば，$\rho_b = 1.3\,\mathrm{g\,cm^{-3}}$．SI単位では $\rho_b = 1.3\,\mathrm{Mg\,m^{-3}}$．
　[体積含水率] 全質量と乾燥質量の差は，$100\,\mathrm{cm^3}$ 容積内の全水分量に等しいので，$\theta = (232 - 192)/100/\rho_w = 0.4$．ただし水の密度 $\rho_w = 1.0\,\mathrm{Mg\,m^{-3}}$ を用いた．

[固相率] 土粒子密度の定義式において，$\rho_s=2.7\mathrm{Mg\,m^{-3}}$，$M_s=130\mathrm{g}$ が既知なので，未知数 V_s は，単位を整えて $V_s=130\div2.7=48.1\mathrm{cm}^3$．
全容積が100cm³なので，固相率 $=48.1\div100=0.48$．
[気相率] 全体積を1とすれば，$a=1-\theta-$ 固相率$=0.12$．
[含水比] 前問解答中の換算式を用いて $w=0.31$．
[間隙率] 定義より $n=1-$固相率$=0.52$．
[飽和度] 定義 $s=V_w/V_f$ は θ/n に等しいので $s=0.4/0.52=0.77$．
[間隙比] 定義 $e=V_f/V_s$ より $0.52/0.48=1.08$．

1.4 土性図の各座標軸から誤りなく直線を引き，3本の直線の交点が位置するエリアを求める．この土は図のようにCL（埴壌土）である．

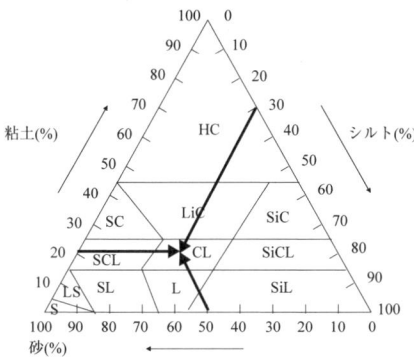

1.5 金の密度を ρ，球の半径を r_1，比表面積を S_1，金箔の直径を r_2，厚さを h，比表面積を S_2 とする．

球と金箔の質量は同じであるので，

$$S_1=\frac{4\pi r_1^2}{\rho\dfrac{4\pi r_1^3}{3}}=\frac{3}{\rho r_1} \qquad S_2=\frac{2\pi r_2^2+2\pi r_2 h}{\rho\pi r_2^2 h}=\frac{2}{\rho}\left(\frac{1}{h}+\frac{1}{r_2}\right)\simeq\frac{2}{\rho h}$$

ここで，金箔は円形の半径 r_2 に比してその厚さ h は無視できるほど小さく，$h\ll r_2$ と仮定できるので，$S_2=2/\rho h$ を得た．
以上より，単位を整えて，

$$\frac{S_2}{S_1}=\frac{2r_1}{3h}=\frac{2\times0.5}{3\times10^{-5}}=\text{約 3 万 3 千倍}$$

2. 土の保水性

　土の保水性とは何だろうか．自由地下水面より下にある水は重力による水圧をもって存在しているが，自由地下水面より上の土中（この領域をベイドスゾーンという）にも水は存在する．自由地下水面より上の領域で水を保持させる土の性質を，土の保水性と呼ぶ．土の保水性の本質を理解するためには，まず土が水を保持するメカニズムを知る必要がある．次に，土の保水性を表す最も適当な尺度として，それぞれの土が示す水分特性曲線の意味を理解しなければならない．水分特性曲線は，土中の水が持つポテンシャルと体積含水率との関係を表す曲線である．本章では，土中の水のポテンシャルについて学び，水分特性曲線の重要性を理解する．

2.1 保水のメカニズム
a．表面張力

　保水のメカニズムに関与する主要な力に水の表面張力がある．水の表面張力は，水分子間の引力に基づき表面積を小さくするように働く力であり，液面上の任意の位置に設定した単位長さの線に直角に働く応力として表される．このことを，石けん膜を用いて調べてみよう．針金をコの字型に曲げ，図2.1のように自由に動く針棒を載せて石けん水に浸すと，石けん膜ができる．石けん膜は表面積を小さくするように，針棒を左側に引っ張る．このとき，単位長さの針棒に働く力が表面張力である．表面張力を σ で表すと，針棒を右側に Δx 移動させたときにする仕事 ΔW は，$\Delta W = 2\sigma l \Delta x$ である．右辺の定数2は，表面（石けん膜と空気が接する面）が石けん膜の両側にあるためである．$l\Delta x$ は面積を表すので，表面張力とは，表面を単位面積増加させるために必要とされる仕事（$= \Delta W / 2l\Delta x$）と定義することもできる．

2.1 保水のメカニズム

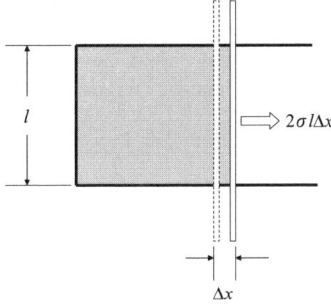

図 2.1 石けん膜による表面張力

b. 毛管現象

内径が 1 mm 程度の毛管を水面につけると，表面張力の働きによって管の中の液面が管外の液面より高くなる現象を，毛管現象という．土が水を保持する機構はいくつかあるが，毛管現象はその主要なものの一つである．

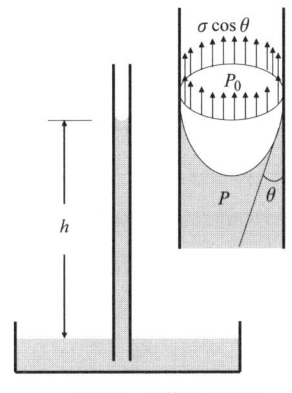

図 2.2 毛管の水面形

毛管中の水面形をよく見ると，図 2.2 に示すように，下に凸の球面をしており，毛管壁面と接触角 θ で接している．このような球面状の気液界面をメニスカスという．この球面に作用している力は，この面を上から押す下向き圧力 (P_0)，下から押す上向き圧力 (P)，そして円周に沿って上向きに作用する表面張力 (σ) の鉛直成分 $\sigma \cos \theta$ である．この球面が平衡状態にあるとき，これらの力の釣り合い式は

$$\pi r^2 P_0 = \pi r^2 P + 2\pi r \sigma \cos\theta \tag{2.1}$$

r：毛管半径

で与えられる．通常，下向き圧力 P_0 は大気圧に等しく，また接触角 θ はゼロと仮定することが多い．このとき，圧力差 P_0-P は (2.1) 式より，

$$P_0 - P = \frac{2}{r}\sigma \tag{2.2}$$

で与えられる．水の表面張力 σ は，低温で大きく高温で小さいという性質があるが，常温では 72.5×10^{-3} N m^{-1} を用いる．ところで，圧力差 P_0-P は図 2.2 の水柱高さ h（これを毛管上昇高という）を用いて

$$P_0 - P = \rho_w g h \tag{2.3}$$

と表わされるので，(2.2) 式と (2.3) 式より

$$h = \frac{2\sigma}{r\rho_w g} \tag{2.4}$$

を得る．ここで，水の密度 1 Mg m^{-3}，重力加速度 9.80 m s^{-2}，表面張力 0.0725 N m^{-1} の各数値を採用し，毛管半径 r の単位を cm とし，最後に各数値の単位を揃えて代入すれば，

$$h = \frac{0.15}{r} \quad (\text{cm}) \tag{2.5}$$

が得られる（ジュレンの式）．内径が 0.1 cm の毛管では水の毛管上昇高が 3 cm，内径 0.001 cm の毛管では 300 cm に達することがわかる．

いままで説明してきた毛管現象では，接触角をゼロと仮定した．実際，きれいなガラス板上の水滴の接触角はゼロであり，土と水の接触角も通常はゼロと仮定してよい．しかし，未分解の有機物層を取り去った森林の表土や家畜糞堆肥を多く施用した土では，撥水性（水をはじく性質）が現れる．これは土と水との接触角が大きくなるためである．図 2.3 に，固体表面上の水滴について，接触角が大きい場合と小さい場合の形状を概念的に示した．

図 2.3　水滴と接触角

2.2 土中水のポテンシャル
a. 平衡とポテンシャル

土中の水は，ポテンシャルすなわち潜在的なエネルギーを持っている．そして，土中の水が平衡状態にあるとき，水のポテンシャルはすべて等しくなくてはならない．このことを，水中に浸した砂柱の例で確かめてみよう．

底に網を張った砂柱を図2.4のように水の入った容器に入れた後，砂柱の毛管上昇が終了し，容器の水面がある高さで静止している時の水の平衡状態を考えてみる．図中のA点は水面より上にあり，砂は不飽和水分状態である．B点は水面より下にあり，砂は飽和水分状態である．A点の水とB点の水は平衡状態なので，ポテンシャルは等しくなければならない．

この平衡状態を水マノメータで確かめてみよう．まず，B点に図のようにL字管を挿入すれば，管内の水面は容器の水面と等しくなるが，これは自明だろう．一方，A点に，水は通すが空気は通さない多孔質体のキャップ（素焼カップ）をつけたU字管を図2.4のように挿入する．多孔質体のキャップに含まれている水は，周囲の土中水と速やかに平衡状態に達することができ，かつ，U字管内に満たされている水と水理学的に連続している．このU字管内の水面は図のように容器の水面と等しくなる．つまり，平衡状態にあるA点とB点の水のポテンシャルが等しいことを証明できるのである．

いま，図2.4の水面のポテンシャルをゼロと定めよう．すると，この系に存

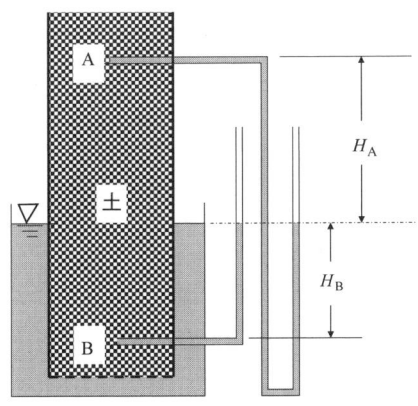

図2.4 平衡状態とポテンシャル

在するすべての水のポテンシャルは，定義によりゼロでなければならない．ここで，水面からA点までの高さをH_Aとすると，A点の位置のポテンシャルはH_Aであり，A点のポテンシャルがゼロということは，位置のポテンシャルと大きさが同じで負の値のポテンシャル（$-H_A$）を水が持つことになる．この$-H_A$のポテンシャルをマトリックポテンシャルという．次に，水面からB点までの高さをH_Bとすると，B点の位置のポテンシャルは$-H_B$である．しかし，B点のポテンシャルもゼロでなければならないので，B点の水は圧力ポテンシャルH_Bを持つ．この圧力ポテンシャルは静水圧に等しい．

b．マトリックポテンシャル

マトリックポテンシャルを改めて定義すると，「土の外部に存在する，土壌溶液と同じ組成の溶液を基準とし，土と水との相互作用によってその基準値より低下した土中水のポテンシャルエネルギー」である．砂のように，間隙サイズが比較的大きな土では，毛管作用がマトリックポテンシャル値を決定する主な原因である．しかし，一般の土では，間隙サイズが微細なものから粗大なものまで分布するうえ，固相には比表面積の大きな粘土が含まれているので，毛管作用以外に，固相壁面と水分子との分子間力なども無視できない．そのため，一般の土ではマトリックポテンシャルを構成する要因は複合的であり，単純な毛管作用だけで説明することはできない．より重要なことは，同じマトリックポテンシャルにおいて，土が保持しうる水分量は，土によって著しく異なることである．たとえば，図2.4のような砂柱の場合，マトリックポテンシャル$-H_A$の値が$-30\,\mathrm{cm}$であるとき，位置A近傍の体積含水率は約30％ぐらいであるのに，この土を火山灰土に取り替えてみると，同じマトリックポテンシャル値において，体積含水率が約70％の値になるのである．このような土による違いは，後述する水分特性曲線（図2.7）によって，より明確に示される．

c．土中水のポテンシャル成分

前項までに，位置ポテンシャル，マトリックポテンシャル，圧力ポテンシャルの三つを考えたが，この他に浸透圧が作用するときには，浸透ポテンシャルを加え，これらの総和を全ポテンシャルという．浸透ポテンシャルを理解するために，図2.5のようにU字管の底部を半透膜で仕切り，純水を入れてみる．

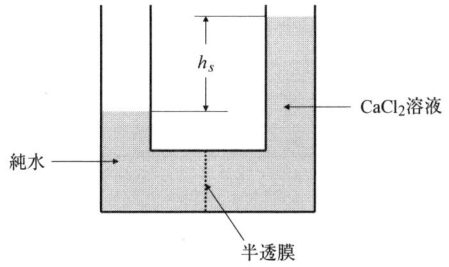

図 2.5 浸透ポテンシャル

半透膜とは，水分子は自由に通過できるが，それよりサイズの大きい溶質分子は通過できないような孔をもつ膜のことである．半透膜の両側ともに純水の場合，当然，左右の水面は同じ高さになる．次に右側の管に，例えば $CaCl_2$ を入れると，半透膜の働きによって，左から右へ通過する水分子の数が卓越するので今度は右側の管内水位が上がり左側の管内水位は下がる．左側の純水の水面を基準（ポテンシャルがゼロ）とし，両水面の差が h_s の状態で平衡が保たれているとする．このとき，水の全ポテンシャルはどこでも等しくなければならないので，h_s だけ高い位置のポテンシャルをもつ水は，$-h_s$ という浸透ポテンシャルを有することになる．つまり，溶質が存在することにより，溶液のポテンシャルは純水のポテンシャルよりも h_s だけ減少していることになる．したがって，浸透ポテンシャルは負の値を持つ．

d．土中水のポテンシャルの求め方

土中水のポテンシャルは以下のような成分からなる．

$$\phi_T = \phi_z + \phi_s + \phi_m + \phi_p \tag{2.6}$$

ϕ_T：全ポテンシャル

ϕ_z：重力ポテンシャル(位置のポテンシャル)

ϕ_s：浸透ポテンシャル

ϕ_m：マトリックポテンシャル

ϕ_p：圧力ポテンシャル

これらの中で，マトリックポテンシャルと浸透ポテンシャルの和を水ポテンシャル（water potential）と呼ぶこともある．

着目する点の全ポテンシャルを求めるときは，次のような手順で行う．

〈ステップ1〉 系が平衡状態にあることを確かめる（水の流れはゼロ，温度は一定である）

〈ステップ2〉 基準とする高さを決め，その位置での全ポテンシャルを決め，これを ϕ_T とする（基準とする高さとしては，地表面または地下水面を選ぶことが多く，室内実験では容器底面を選ぶと便利なことが多い）

〈ステップ3〉 基準面とは別の考えている点で(2.6)式を適用し，ϕ_T の値を基準面と同一とする．

〈ステップ4〉 考えている点の別の情報から(2.6)式の成分を直接定義する

〈ステップ5〉 ステップ3と(2.6)式から未知成分を決定する

例題 2.1 図2.6のように，下端に半透膜を張った毛細管を浸透圧 π の溶液が入った容器に入れた場合の毛管上昇高 h を計算せよ．ただし，毛管半径を r，浸透ポテンシャルを $-\pi$ とする．

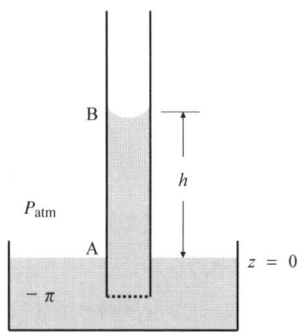

図2.6 浸透ポテンシャルが関与するときのポテンシャルの求め方

（解説）

〈ステップ1〉 毛管上昇高は h で止まり平衡状態に達した

〈ステップ2〉 容器の水面を基準の高さ（$z=0$）に取る．

　　　　　容器の水面（点 A）においては

$$\phi_z = 0 \quad (z=0)$$
$$\phi_m = 0 \quad (土がない)$$
$$\phi_p = 0 \quad (静水圧がかかっていない)$$
$$\phi_s = -\pi \quad (与えられた条件より)$$

したがって，点 A では $\phi_T = -\pi$

〈ステップ3〉 点 B においても $\phi_T = -\pi$ なので，(2.6)式より $\phi_T = -\pi = \phi_z + \phi_s + \phi_m$

〈ステップ4〉 与えられた条件より，点 B では

$\phi_z = \rho_w g h$

$\phi_s = 0$ （毛管内は純水）

$\phi_m = P - P_0 = -2\dfrac{\sigma}{r}$ （P は水面の下面の圧力，図2.2参照）

〈ステップ5〉 $\phi_T = -\pi = \rho_w g h - 2\dfrac{\sigma}{r}$

したがって， $h = \dfrac{2\sigma/r - \pi}{\rho_w g}$

この例では，毛管上昇高 h は純水の容器に立てた毛細管の毛管上昇高 ((2.4) 式で求まる) よりも低いことになる．

e．関係する各種単位およびポテンシャルの単位

保水性を表すためによく使われる単位と次元は以下のとおりである．次元は [ ] で示し，M，L，T はそれぞれ，質量，長さ，時間を表す．

密度： $\mathrm{kg\ m^{-3}}[\mathrm{ML^{-3}}]$

力： $\mathrm{N}(ニュートン) = \mathrm{kg\ ms^{-2}}[\mathrm{MLT^{-2}}]$

圧力： $\mathrm{Pa}(パスカル) = \mathrm{N\ m^{-2}}[\mathrm{ML^{-1}T^{-2}}]$

エネルギー（仕事）： $\mathrm{J}(ジュール) = \mathrm{kg\ m^2 s^{-2}}[\mathrm{ML^2T^{-2}}]$

水のポテンシャルの各種表し方を以下に示す．これらは互換性がある．

1) 単位質量あたりの水のポテンシャルの場合，単位は($\mathrm{J\ kg^{-1}}$)，次元は $[\mathrm{L^2T^{-2}}]$ である．

2) 単位体積あたりの水のポテンシャルの場合，単位は($\mathrm{J\ m^{-3}}$) = ($\mathrm{N\ m^{-2}}$) = (Pa)，次元は $[\mathrm{ML^{-1}T^{-2}}]$ である．上記例題は，この単位を用いて記述している．

3) 単位重量あたりの水のポテンシャルの場合，単位は($\mathrm{J}/9.80\ \mathrm{N}$) = ($\mathrm{m\ H_2O}$)，次元は $[\mathrm{L}]$ である．この単位を水頭ともいう．単位は $\mathrm{m\ H_2O}$ であるが，普通 $\mathrm{H_2O}$ を省略する．マトリックポテンシャルでは，水頭の絶対値を cm で表したときの常用対数値を，慣例として pF と呼ぶ．たとえば，水頭 $-100\ \mathrm{cm}$ の pF は 2.0 である．

本書では，単位を特定しないポテンシャル概念を述べるときは，おおむね上記のような ϕ という記号を用いるが，ポテンシャルを上記 3) の水頭で表す場合に限り，長さで測定できる値なので h や H の記号でこれらを表し，計算手順を示しやすくする．

なお，上記 1) 2) 3) の互換性とは，1) に水の密度 (1000 kg m^{-3}) を乗じれば，2) の数値が得られ，1) を重力加速度 (9.80 m s^{-2}) で除せば，3) の数値が得られるという意味である．単位の標記を省略し，数値を丸め，水のマトリックポテンシャルをたとえば -10 J kg$^{-1}=-10$ kPa $=-1$ m H$_2$O $=-100$ cm H$_2$O $=$ pF 2.0 とするような，実用的な互換も行われている．また，慣用単位の bar, atm, dyne などが使われる際には，それぞれ 1 bar $=10^5$ Pa, 1 atm $=101325$ Pa, 1 dyne cm$^{-2}=10^{-6}$ bar $=0.1$ Pa によって SI 単位に換算する．

2.3　水分特性曲線

いろいろな土において，マトリックポテンシャルと体積含水率（含水比の場合もある）の関係を表したものを水分特性曲線という．図2.7に砂と灰色低地土，および黒ボク土の水分特性曲線を示す．多くの土のマトリックポテンシャルの変化幅が大きいので，図のように対数軸を用いて表す．また，マトリックポテンシャルはすべて負の値なので，座標軸上では原点から離れるほどマトリックポテンシャル値が低いことに注意する必要がある．

図2.7で土による違いを見てみると，砂ではマトリックポテンシャルが -20 cm から -30 cm にかけて，急激に含水率が低下している．これは，砂粒子間の間隙が大きく，間隙サイズの分布が狭く（つまり，似たようなサイズの間隙が多く），平均的な間隙径が大きいため，マトリックポテンシャル低下に伴って急激な脱水が生じ，空気が侵入するからである．脱水が始まる点のマトリックポテンシャル（図2.7の砂では約 -15 cm）を空気侵入値という．灰色低地土（水田で多く見られる土）の体積含水率は，マトリックポテンシャルが -1000 cm に達してもほとんど減少しない．これは，この土には粘土分の含有量が多く，間隙サイズが小さいので，保水性が高いためと考えられる．また，黒ボク土の体積含水率も灰色低地土以上に高い．黒ボク土の保水性がいかに高いかを示す好例である．

2.3 水分特性曲線

水分特性曲線を見る場合，二つの注意点がある．第一は，マトリックポテンシャルがゼロのときの体積含水率についてである．このとき，すべての間隙が水で飽和されているはずであるが，実際には気泡として取り残される間隙があるので完全飽和には至らないのが普通である．そこで，マトリックポテンシャルをゼロとして平衡したときの土の水分状態を毛管飽和と呼んで完全飽和と区別する．毛管飽和の体積含水率は完全飽和よりも数％から10数％小さい．

第二の注意点は水分特性曲線にはヒステリシスが存在することである．すなわち，毛管飽和した土からマトリックポテンシャルを低下させて脱水させたときの水分特性曲線と，乾いた土のマトリックポテンシャルを増大させて吸水させたときの水分特性曲線は異なるのである．黒ボク土でこのことを確かめてみると，図2.8のようになる．このように，変化の経路によって状態が異る現象を，一般にヒステリシス現象（履歴現象）という．同一のマトリックポテンシャルでは脱水過程の体積含水率の方が高いことに特徴があり，土によってこの差の程度が異なる．ヒステリシス現象の原因は，水と土の固相との接触角が脱水過程と吸水過程で異なること，およびインクボトル効果（毛細管の中間に局部的に太い部分がある場合，脱水過程と吸水過程で，同一のマトリックポテンシャルにおける保水量に差が生ずること）などによって説明されている．

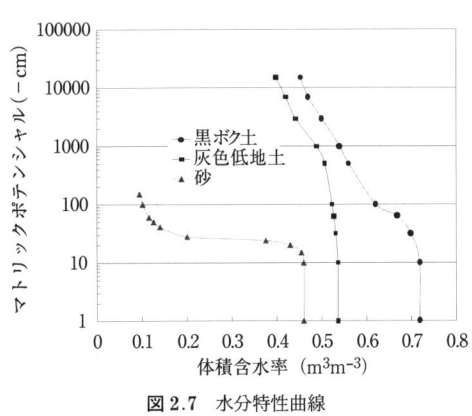

図2.7 水分特性曲線

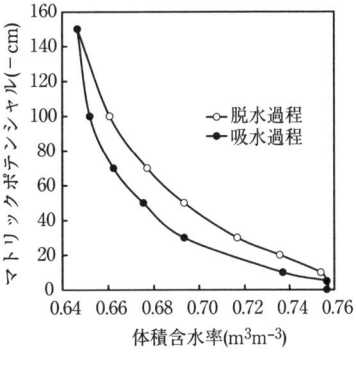

図2.8 水分特性曲線のヒステリシス（黒ボク土）

2.4 水分恒数

植物は土中の水を吸収しようとし，土も水を保持しようとする．そこで，植物が土中の水を吸収するためにはポテンシャル差が必要となる．水は，ポテンシャルがより低い方向へ移動するので，植物中の水のポテンシャルが土中の水のポテンシャルより低くなる必要がある．そして，植物細胞膜は半透膜であるため，植物が土中の水を吸収するときに作用するポテンシャルは，前述したマトリックポテンシャルと浸透ポテンシャルの和である．しかし，通常はマトリックポテンシャルが支配的なので，植物の生育と対応させたマトリックポテンシャルを水分恒数と名づけ，これが指標として用いられている．

図 2.9 はいくつかの典型的な水分恒数である．マトリックポテンシャルの単位は，最近の傾向に従い，Pa を用いて示した．また，図の縦軸は，数値の変動幅が大きいので，対数軸を用いた．シオレ点は，植物がしおれて水を与えても回復できない水分状態であり，慣例的に $-1.5\,\mathrm{MPa}$ のポテンシャルを用いているが，土により多少異なる．生長阻害水分点は植物の蒸散や光合成が低下するポテンシャル値で，およそ $-50 \sim -100\,\mathrm{kPa}$ のポテンシャルである．圃場容水量は「大量の降雨後，2〜3 日目に排水性の良い土が保持する水分」と一般的に定義されており，おおむね $-3 \sim -6\,\mathrm{kPa}$ のポテンシャル値を用いる．

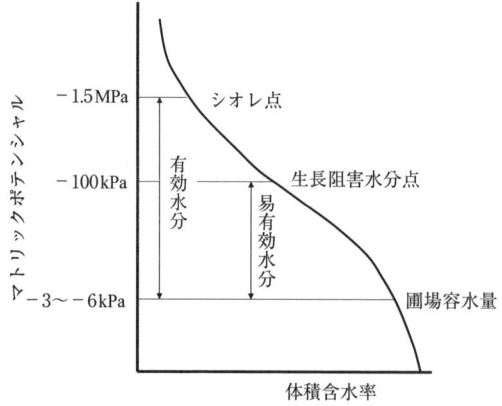

図 2.9　水分恒数とマトリックポテンシャル

植物は圃場容水量よりも多水分状態でも水を吸収するが，水が多すぎると土壌空気と大気とのガス交換が不十分となり根の呼吸が妨げられる．そこで，圃場容水量と生長阻害水分点間を易有効水分，圃場容水量とシオレ点間を有効水分といい，灌漑計画ではこの範囲内で土壌水分を制御する．有効水分量は土の種類によって様々である．例えば，図2.7に示した黒ボク土，灰色低地土の作土の有効水分量は20％を超えるが，ここで示していない黄色土（東海地方に分布する）作土の有効水分量は10％未満である．有効水分量は砂では少なく，粘土分の多い土，なかでも団粒化した土では多い．

例題 2.2 直径5 cm 高さ2 cm の採土円筒に土を詰め，十分に水を与え，2日間排水させた後に土の含水比を求めたところ 0.40 kg kg^{-1} であった．次に，この円筒について，マトリックポテンシャル -1.5 MPa で平衡させたときの土の含水比を求めたところ，0.24 kg kg^{-1} であった．最後に，円筒を炉乾燥した後の土の質量は 43.2 g であった．この土の圃場容水量，シオレ点，有効水分をそれぞれ求めよ．

(解説) まず，土の乾燥密度を求める．円筒の体積を計算すると 39.3 cm^3 なので，この土の乾燥密度は 43.2÷39.3＝1.10 Mg m^{-3} となる．定義により，各水分恒数は体積含水率に換算することになるので，圃場容水量は 0.40×1.10＝0.44 m^3 m^{-3}，シオレ点は 0.24×1.10＝0.264 m^3 m^{-3}，有効水分は 0.44−0.264＝0.176 m^3 m^{-3} と求まる．

演習問題

2.1 毛管上昇高を 30 cm とさせるような毛管半径を求めよ．

2.2 保水性が高い土とはどのような土か，ポテンシャルの概念を用いて説明せよ．

2.3 以下の記述から正しいものを選べ．
　ア．同一の土について，体積含水率が大きいとき，マトリックポテンシャルは大きい．
　イ．土中水の溶液濃度が高いほど，水の浸透ポテンシャルは大きい．

ウ．水分特性曲線は，重力ポテンシャルの影響を受ける．
エ．「水は低きに流れる」というが，土中水の場合，正しくは，「水はポテンシャルが低い方へ流れる」と言うべきである．

2.4 砂と粘土の水分特性曲線の典型的な図を示せ．ただし，縦軸は0から－100cmまでのマトリックポテンシャルを等間隔目盛で記入し，横軸は0から1.0までの体積含水率目盛を入れ，2本の水分特性曲線についてそれぞれ砂，粘土を区別できるように注釈を記載すること．

解 答

2.1 0.005 cm
2.2 異なる土を比較した場合，同一のマトリックポテンシャルにおいて体積含水率が高い土のこと．
2.3 ア，エ
2.4 横軸に体積含水率を0から1.0まで等間隔の目盛りを入れ，$m^3 m^{-3}$の単位を付する．縦軸はマトリックポテンシャルとして0，－10，－20，…－100…のような数値を等間隔に記し，cm の単位を付する．図2.7を参考にしてこの平面上に曲線を描くと下図のようになる．

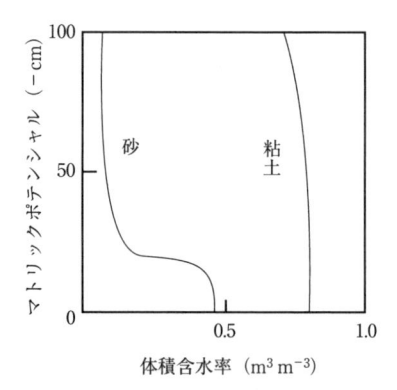

3. 土の中の水移動

　河川や地表面を流れる水移動と土の中の水移動との基本的な違いは，土の中では水の粘性力に比して慣性力が無視できるほど小さいことである．これをレイノルズ数が極めて小さいと言い換えてもよい．現象的にいえば，土の中の水は，地表で日常目にする水の動き方に比べて大変ゆっくり動くのである．土の中の水移動は，地下水流のような飽和流と，地下水より上の土壌領域（ベイドスゾーン）で起きる不飽和流とに大別される．

　大地への降雨浸透と土からの排水に関しては，農地で特別の関心が払われてきた．過剰な降雨や過小な降雨はどちらも作物にダメージを与えるし，排水が良すぎれば作物に水ストレスがかかる一方，排水が悪ければ根腐れなどの障害が起きるからである．そこで，農地では，適正な保水性と透水性を強く求めてきたのである．

　農地だけでなく，ため池やアースダム堤体中の漏水，地下水の汲み上げに伴う地盤沈下など，地盤工学的な問題でも土の中の水移動が重要である．さらに，水移動に伴って水に溶解した各種物質も移動し，物質移動は自然界全体の物質循環に連動するので，土の中の水移動は，物質循環に関わる環境問題としての重要性も有している．

3.1　細い円管内の水の流れ

　一様な直径を有する細い円管中を水が層流で流れているとき，円管内の流速分布は図3.1のように中心部で最大となる放物線を描き，流量は管径の4乗に比例する次式で表される．

$$Q = \frac{\rho_w \pi a^4}{8\mu L}(P_A - P_B) \tag{3.1}$$

Q：流量（質量で表示）

ρ_w：水の密度

a：円管の半径

μ：水の粘性係数（20°Cの水の粘性は 1.002×10^{-3} Pa s）

L：円管の長さ

P_A：長さ L における上流側圧力

P_B：長さ L における下流側圧力

また，$P_A - P_B$ は長さ L の円管を水が流れることにより粘性で失われる水圧（Pa 単位で表示）を示す．(3.1)式はポアズイユ（Poiseuille）が 1840 年に血管中の血液流の研究から導いた．管径が 2 倍になると流量は 16 倍になる．ポアズイユの式を土の間隙内で生ずる飽和流に適用すれば，理論的に水移動現象を解析できる可能性がある．その最も良い例は，土をある太さの毛管からなる束と同一とみなす毛管モデルである．さらにこのモデルを発展させ，土を，いろいろな太さの毛管からなる束でモデル化することも歴史的に行われてきた．しかし，土の間隙は非常に複雑な形状を有するので，飽和流を表す理論としてポアズイユの式を適用することには限界がある．

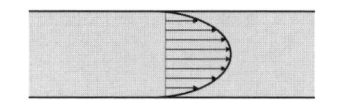

図 3.1　円管内の流速分布（ポアズイユ流）

3.2 飽和流

a. ダルシーの法則

第 2 章で述べたように，土中の 2 点の水が平衡状態にあるときは水の流れは生じない．したがって，水が移動するためには 2 点間のポテンシャルは異なっている必要がある．飽和状態の水移動に関与するポテンシャルは位置（重力）と圧力のポテンシャルである．図 3.2 のように，水で飽和させた断面積が A，長さが L の土の入った円筒の下端を，一定水位の水溜めの底から Z_B だけ浮かした状態で入れ，上端から一定の水深 h_A で定常的に水を供給した場合を考えることにする．ここで用いるポテンシャルは，全ポテンシャル ϕ_T と圧力ポテンシャル ϕ_P であるが，これらを水頭単位で表すので，H あるいは h の記号

を用いる．土の上端 A 点における全ポテンシャル H_A は，基準面を下端の水溜の底にとると（基準面は任意であるが，必ず指定する必要がある），位置のポテンシャル Z_A と圧力ポテンシャル h_A の和で表される．

$$H_A = Z_A + h_A \tag{3.2}$$

同様にして下端の B 点では，自由排水面からの水深を h_B と与えることにより

$$H_B = Z_B + h_B \tag{3.3}$$

H_A は H_B よりもポテンシャルが大きいため，水は下向きに流れる．流量がポテンシャル差に比例し，t 時間に Q 流出したとすると，水移動の式は次のように表される．

$$\frac{Q}{At} = k_s \frac{H_A - H_B}{L} \tag{3.4}$$

k_s：飽和透水係数（または単に透水係数）

この式は，フランスの水道技術者ダルシー（Darcy）が 1856 年，濾過の実験中に見つけ出した経験式で，ダルシーの法則と呼ばれている．

　ポアズイユとダルシーはほぼ同時期に水移動の基本的な式を導出した．ポアズイユは円管を対象とし，流体力学的に流れの式を導出した．一方，ダルシーは，はじめから濾過剤としての砂における浸透流の経験式として(3.4)式を導き出した．後に，ダルシーの式が流体力学的に導くことができる理論式でもあることが解明され，今日ではダルシー式が広く用いられている．ダルシー式の流体力学的証明としては，たとえば吉田の証明（1963）を参照されたい．

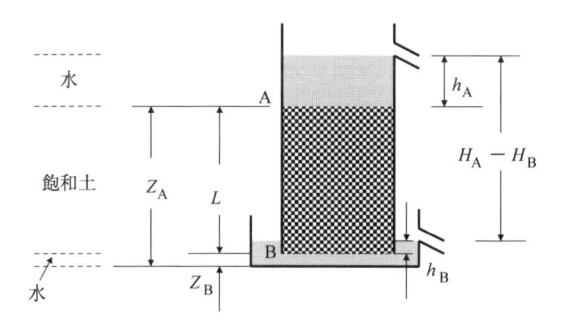

図 3.2　飽和状態の土の中の水移動

(3.4)式の右辺の分数部分をみると，分子分母共に長さの単位を持ち，したがってこの分数は無次元となる．この分数に負号をつけた，$-(H_A-H_B)/L$ を動水勾配と呼ぶ．一方，左辺は単位面積，単位時間あたりの流量であり，フラックス（流束または流束密度と訳される）という．その次元は透水係数 $k_s[\text{LT}^{-1}]$ と同じである．動水勾配を J，フラックスを q で表すと(3.4)式は次のようになる．

$$q = -k_s J \qquad (3.5)$$

動水勾配は負であるため，フラックスは正の値として求まる．長さの単位をメートル，時間の単位を秒で表すと，飽和透水係数は m s^{-1} の単位を持つ．図3.2のようにして飽和透水係数を求める方法を定水位透水試験という．

飽和透水係数は土中の水の流れやすさを示しており，砂は $10^{-3}\sim10^{-5}\,\text{m s}^{-1}$ のオーダーの透水係数をとることが多い．一方，普通の土では，粒子間の間隙よりも団粒間の大きな間隙やマクロポアが飽和透水係数に大きな影響を与え，土性との相関は小さくなる．たとえば代表的な畑土壌である黒ボク土の作土の飽和透水係数は $10^{-5}\sim10^{-7}\,\text{m s}^{-1}$ のオーダー，代かきを行った水田作土の飽和透水係数は $10^{-7}\sim10^{-8}\,\text{m s}^{-1}$ のオーダーになるが，これらの土にマクロポアが形成されているときには，値が数オーダー上昇することもまれではない．土の飽和透水係数は土の物理性の中でもとりわけバラツキが大きい．

例題 3.1 図3.2において，土の長さ L が 20 cm，断面積が 100 cm^2，湛水深 h_A が 10 cm，下端の排水深 h_B が 4 cm の状態で水を供給したところ，1時間に 1 l の水が流出した．この土の飽和透水係数はいくらか．ただし，試料下端と水溜の間の隙間 Z_B は 1 cm とする．

(解説) 試料上端（A点）の全ポテンシャルは $H_A=1+20+10=31$ cm，下端の全ポテンシャルは $H_B=1+4=5$ cm である．時間と長さの単位を s, cm にして(3.4)式に代入すると，

$$\frac{1000}{100\times3600} = k_s\left(\frac{26}{20}\right)$$

から，飽和透水係数は $2.1\times10^{-3}\,\text{cm s}^{-1}$ と計算される．

b. ダルシーの法則の一般形

ダルシーの法則において，着目する2点間の距離を極限まで小さくしていくと，動水勾配は微分形で表すことができ，次式で表される．

$$q = -k_s \frac{dH}{dL} \tag{3.6}$$

特定の座標系を選ぶと，(3.6) 式はやや単純になったり複雑になったりする．たとえば，水平方向の水移動では，位置のポテンシャルが変化しないので，動水勾配は2点間の圧力ポテンシャル勾配 dh/dx のみで表されるので，

$$q = -k_s \frac{dh}{dx} \tag{3.7}$$

となる．また，鉛直方向の水移動では，全ポテンシャル H が位置ポテンシャル z と圧力ポテンシャル h の和となるため，次のように表される．

$$q = -k_s \frac{dH}{dz} = -k_s \frac{d(h+z)}{dz} = -k_s \left(\frac{dh}{dz} + 1 \right) \tag{3.8}$$

右辺カッコ内第1項は圧力ポテンシャル勾配を，カッコ内第2項は位置ポテンシャル勾配をそれぞれ表しており，後者は恒常的に1となる．その定義から，第2項を重力項と呼ぶことも多い．

c. 成層土の飽和透水係数と水圧分布

土は一般に均一ではない．土の不均一性に関する詳細な記述は他書に譲るが，飽和流において比較的重要性が高く，不均一な土の一つである成層土について，ダルシーの法則を適用してみる．成層土は，母材の風化過程で形成され，あるいは沖積土や洪積土のように河川で運ばれた土砂が堆積することによって形成されるだけでなく，農耕地のようなところでは人為的営農作業によっても形成される．特に，わが国に多い水田では，漏水量を少なくするために田植え前に代かきを行い，作土の飽和透水係数を小さくするといった，意図的な成層土も出現する．ここでは，飽和状態にある二つの層からなる成層土における鉛直水分移動におけるダルシーの法則をみてみる．

まず，図3.3のような上層（水田の代かき層と考えてもよい）と下層土（水田の下層土としてもよい）という単純モデル土層において，上層土厚さを l_1，その飽和透水係数を k_1，下層土のそれらを l_2，k_2 とし，表面湛水を与えて土を飽和させ，水が定常状態（すなわち時間的変化をせずに）で流れているもの

とする．このような系において，土の表面 A，下端 B，境界面 C の全ポテンシャルを H_A, H_B, H_C, 圧力ポテンシャルを h_A, h_B, h_C, 位置のポテンシャルを z_A, z, z_C, とし，全層の厚さを $L(=l_1+l_2)$, 全層の飽和透水係数を K_s として上層，下層，全層にダルシーの式を適用しよう．この演算の目的は，成層土の合成飽和透水係数や層境界面のポテンシャルを求めることである．図 3.2 の場合と同じように，基準面は水溜の底面に置く．すると，各点の全ポテンシャルはそれぞれ $H_A=z_B+l_2+l_1+h_A$, $H_B=z_B+h_B$, $H_C=z_B+l_2+h_C$ と表される．

さて，フラックスについて，次の3式ができる．

$$q=-k_1\frac{H_A-H_C}{l_1}=-\frac{k_1}{l_1}(h_A+l_1-h_C) \tag{3.9}$$

$$q=-k_2\frac{H_C-H_B}{l_2}=-\frac{k_2}{l_2}(h_C+l_2-h_B) \tag{3.10}$$

$$q=-K_s\frac{H_A-H_B}{L} \tag{3.11}$$

問題は，この連立方程式を解いて全層の飽和透水係数 K_s と境界面の圧力ポテンシャル h_C を導き出すことである．まず，(3.9)と(3.10)式の左辺と中間の辺だけを用いて H_C を消去し，H_A-H_B で整理したあと，(3.11)式と比較すれば，

$$H_A-H_B=-\left(\frac{l_1}{k_1}+\frac{l_2}{k_2}\right)q=-\frac{L}{K_s}q \tag{3.12}$$

を得る．したがって，全体の飽和透水係数 K_s は以下のように表すことができる．

$$\frac{L}{K_s}=\frac{l_1}{k_1}+\frac{l_2}{k_2} \tag{3.13}$$

次に，境界点 C の圧力ポテンシャル h_C を求めるために，(3.9)と(3.10)式の左辺と右辺だけを用いて q を消去し，未知数 h_C について整理すれば，

$$h_C=\frac{l_2k_1(l_1+h_A)-l_1k_2(l_2-h_B)}{l_1k_2+l_2k_1} \tag{3.14}$$

が得られる．

以上の手順は，電気の分野で使われるオームの法則とよく類似しており，抵抗 R_1 と R_2 からなる直列回路において，回路全体の抵抗値 R や二つの抵抗の中間位置での電圧も同じ手順で求まることを想起されたい．

例題 3.2 図 3.3 において，上層の飽和透水係数が $k_1=5\times10^{-6}$ cm s^{-1}，厚さが 15 cm，下層の飽和透水係数が $k_2=2\times10^{-5}$ cm s^{-1}，厚さが 65 cm であり，湛水深が 5 cm，試料下端の圧力ポテンシャル h_B が 20 cm の場合，全体の飽和透水係数 K_s，浸透フラックス q および層境界の圧力ポテンシャル h_C を求めよ．

（解説） 全体の飽和透水係数は (3.13) 式を変形して次のように求める．

$$K_s = \frac{L}{\frac{l_1}{k_1}+\frac{l_2}{k_2}} = \frac{80}{\frac{15}{5\times10^{-6}}+\frac{65}{2\times10^{-5}}} = 10^{-6}\frac{80}{3+3.25} = 12.8\times10^{-6} \cong 1.3\times10^{-5} \text{ cm s}^{-1}$$

浸透フラックスは，$H_A = z_B+65+15+5$，$H_B = z_B+20$ として (3.11) 式から次のように求まる．

$$q = -K_s\frac{H_A-H_B}{L} = -1.3\times10^{-5}\frac{85-20}{80}$$

$$= -1.3\times10^{-5}\cdot\frac{65}{80} = -1.1\times10^{-5} \text{ cm s}^{-1} = -9.1 \text{ mm d}^{-1}$$

また，層境界の圧力ポテンシャルは，$q = -\frac{k_1}{l_1}(h_A+l_1-h_C)$ より，フラックスの単位変換に注意して，$h_C = l_1+h_A+\frac{ql_1}{k_1} = 15+5-\frac{1.1\times10^{-5}}{5\times10^{-6}}\cdot15 = -13$ cm

この例では，層境界の圧力ポテンシャルは -13 cm と大気圧よりも低くなる．

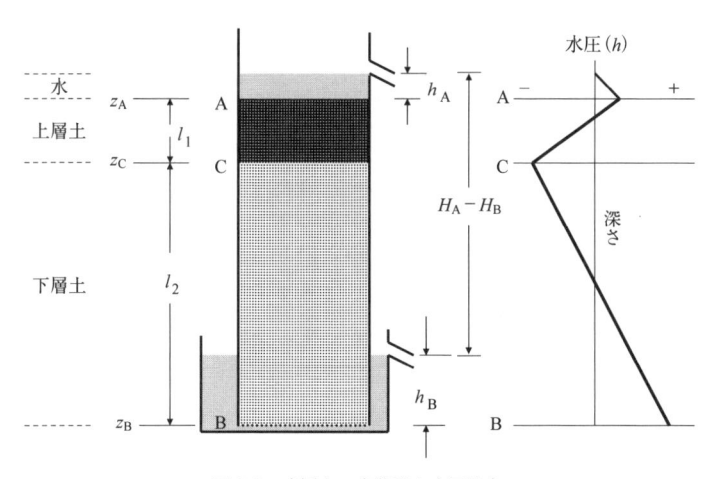

図 3.3　成層土の水移動と水圧分布

d．暗渠

　暗渠は地下水位を低下させ，畑作物の根群域を拡大する目的で使われる．暗渠の間隔と深さを決定するためのモデルはいくつかあるが，ここでは「暗渠の深さと間隔は，与えられた日降雨量で，地下水位を指定した深さよりも上昇させない」という条件を与え，最も簡単な定常状態（地下水位が時間とともに変化しない）を対象とする．

　図3.4のように，暗渠を不透水層よりfだけ上の深さに間隔Sで埋設してある．降雨があると，暗渠と暗渠の間の地下水位は上昇するが，想定する最大降雨量qにおいても，暗渠と暗渠の中点の地下水位は暗渠位置からHを超えないことにする．さて，暗渠から水平方向がx離れた点における水移動は，次の2通りの方法で表すことができる．一つは，xに垂直な断面には，$S/2-x$の領域に降った雨が集まるので，暗渠に向かう横方向の地下水流量Qは次のようになる．

$$Q = q\left(\frac{S}{2} - x\right) \tag{3.15}$$

もう一つは，同じく距離xに垂直な断面を暗渠に向かう横方向フラックスと地下水位hとの積であり，ダルシーの法則を用いて次のように表される．

$$Q = k_s h \frac{dh}{dx} \tag{3.16}$$

両式の流量は等しいので微分方程式が得られる．境界条件としては，$x=0$では地下水層の厚さがf，地下水位がもっとも高い暗渠中間部（$S/2$）の地下水層の厚さが$H+f$に等しいと与える．結果は次のようになる．

$$S^2 = \frac{4k_s}{q}(2f+H)H \tag{3.17}$$

この式をフーゴット（Hooghoudt）の式という．なお，(3.16)式は流量を求める式なので，フラックスを表す式におけるマイナスの符号ははずしてある．透水係数は土壌によって数オーダーも変化するため，(3.17)式により計算される暗渠の間隔は透水係数によって大きく異なる．例として，暗渠の埋設深Dを1m，暗渠管から不透水層までの距離fを2mとし，1日20mmの降雨があっても，暗渠中間点の最高地下水位Hが40cmより上昇しないような暗渠の間隔を計算してみる．透水係数が$1\times10^{-5}\mathrm{cm\,s^{-1}}$の場合には，暗渠の間隔は

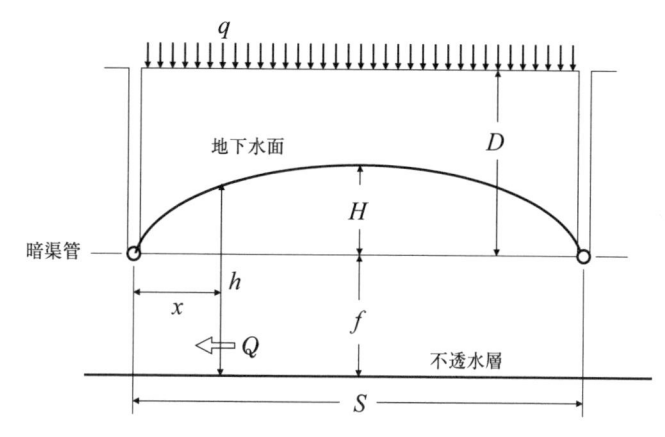

図 3.4 フーゴットのモデル

1.7 m となり，透水係数が 5×10^{-4} cm s^{-1} の場合の暗渠の間隔は 12.3 m，透水係数が 3×10^{-3} cm s^{-1} の場合の暗渠の間隔は 30.2 m と計算される．このようにみると，透水係数が 10^{-5} cm s^{-1} のオーダーの土では，暗渠間隔が狭すぎ，施工費からみても暗渠を入れて排水することは現実的ではない．

わが国では，畑よりも水田，転換畑において暗渠が施工されることが多い．この場合の暗渠の役割は，地表残留水の排除を目的にしており，水の動き方が全く異なるのでフーゴットの式は適用できない．

3.3 不飽和流

a．不飽和流の駆動力

「水の低きに就くが如し」とは，自然の成り行きをたとえた孟子の言葉とされている．そこで，図3.5(a)のように二つのタンクがあって，パイプで連結されており，二つのタンクの水位が異なる場合を考えてみる．すると，水は左から右へ，すなわち水位が高いタンクから低いタンクへ移動し，両者が同じ水位になって静止するであろう．確かに「低きに就く」である．次に，図3.5(b)のように二つの土があり，お互いに密着している場合を考える．ただし，左側の砂の体積含水率は 10 %，右側の黒ボク土の体積含水率は 50 % であるとする．このとき，水はどちらへ移動するであろうか．

答えは図2.7を参照することによって得られる．すなわち，体積含水率が

10％の砂のマトリックポテンシャルは -100 cm，体積含水率が50％の黒ボク土のマトリックポテンシャルは -3000 cm と読みとることができる．このとき，土中の水は，ポテンシャルが高いほうから低いほうへ流れる．すなわち，砂から黒ボク土へ，左から右へ，水が移動するであろう．このように，土中では，「水はポテンシャルの低きに就く」といわねばならない．また，重力が働く系では，位置のポテンシャルを加えた全ポテンシャルの勾配が駆動力である．浸透ポテンシャル勾配は，通常，水移動の駆動力としては無視してよい．

図3.5における不飽和流は，平衡状態に至るまで続く．平衡状態とは，二つの土のマトリックポテンシャル値がすべて等しくなり，水分移動が停止したときである．このとき，砂と黒ボク土のマトリックポテンシャル値は等しいので，体積含水率はそれぞれ異なる値となり，境界面での体積含水率は不連続となる．

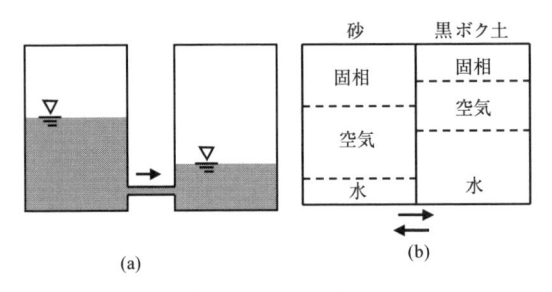

図3.5 タンクと土中の水

b．不飽和浸透流

土のすべての間隙が水で満たされている飽和からの脱水過程を見ると，はじめに大きな間隙が空になり，順により小さな間隙が空になっていく．また3.1節の，円管内における水の流れで説明したように，流量は毛管径の4乗に比例する．このようなことから，飽和からの脱水が進むにつれ，透水係数が大きく低下していくことが予測できる．

ダルシーが飽和状態の水移動に対してダルシーの法則を発見してから半世紀たった1907年，バッキンガム（Buckingham）は，ダルシーの法則を不飽和土に拡張し，飽和透水係数に代わって不飽和透水係数（当時は毛管伝導度とい

3.3 不飽和流

った）を定義した．これを用いた不飽和浸透流のフラックスは，次のように全ポテンシャル勾配を駆動力とした式で表される．

$$q = -k(\phi_m)\frac{d\phi_T}{dz} = -k(\phi_m)\frac{d(\phi_m+z)}{dz} = -k(\phi_m)\left(\frac{d\phi_m}{dz}+1\right) \quad (3.18)$$

ϕ_T：全ポテンシャル
ϕ_m：マトリックポテンシャル
z ：位置のポテンシャル
$k(\phi_m)$：不飽和透水係数

不飽和透水係数［LT^{-1}］はマトリックポテンシャルの関数である．(3.18)式は不飽和ダルシー則またはバッキンガム-ダルシー式と呼ばれる．この式は，飽和浸透流のダルシー式と同じ形式を持つものの，各項の物理的意味が異なることに注意する必要がある．

乾燥した土への水の浸透では，マトリックポテンシャル勾配が著しく大きいので重力項の影響が無視できるほど小さい場合がある．このとき，式(3.18)の重力項を消去し，$d\phi_m/dz=(d\phi_m/d\theta)(d\theta/dz)$ の関係を用いて式を変形すると，

$$q = -k(\phi_m)\frac{d\phi_m}{d\theta}\frac{d\theta}{dz} \quad (3.19)$$

となる．ここで，新しい係数を

$$D(\theta) = k(\phi_m)\frac{d\phi_m}{d\theta} \quad (3.20)$$

と定義すれば，

$$q = -D(\theta)\frac{d\theta}{dz} \quad (3.21)$$

という，見かけ上，体積含水率勾配が駆動力として作用するフラックスの式が得られる．この係数 $D(\theta)$ は，土壌水分拡散係数［L^2T^{-1}］と呼ばれる．$D(\theta)$ は，分子の拡散係数ではない．

(3.19)式で現れた $d\phi_m/d\theta$ の逆数 $d\theta/d\phi_m$ を水分容量（water capacity）という．水分容量 $d\theta/d\phi_m$ は水分特性曲線の勾配として求めることができる．ただし，多くの土では水分特性曲線がヒステリシスを示すので，水分容量 $d\theta/d\phi_m$ にもヒステリシス効果が及ぶ．

c. 不飽和透水係数の特徴

図3.6に室内定常法で求めた干拓土下層土（八郎潟），灰色低地土下層土（つくば），川砂（札幌）の不飽和透水係数とマトリックポテンシャルとの関係を示す．川砂の飽和透水係数は，$1.5\times10^{-2}\,\mathrm{cm\,s^{-1}}$と大きな値を示すが，図2.7の水分特性曲線からわかるように，マトリックポテンシャルの低下とともに脱水が急速に進むため，水みちの連続性が不良となって不飽和透水係数は急激に低下する．灰色低地土にはマクロポアが含まれており，マトリックポテンシャルが0における飽和透水係数は大きいが，マトリックポテンシャルの値が負になり（座標軸で原点から右側になり）マクロポア中の水が脱水されると，不飽和透水係数は小さな値を示す．干拓土下層土では，飽和から$-100\,\mathrm{cm}$までに不飽和透水係数は数百分の1に低下している．

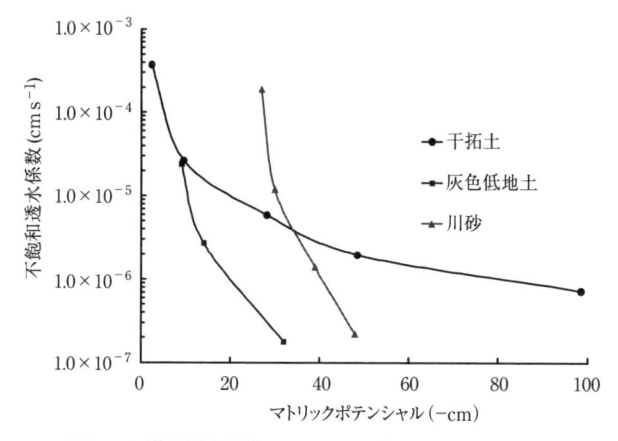

図3.6 不飽和透水係数とマトリックポテンシャルとの関係

図3.7に，つくば市で採取された黒ボク土下層土の不飽和透水係数とマトリックポテンシャルとの関係を示した．水分特性曲線で見られたようなヒステリシスがあり，脱水過程の不飽和透水係数の方が吸水過程よりも大きな値を示す．注意すべきことは，横軸のマトリックポテンシャル値を図2.8を使って体積含水率に換算し，不飽和透水係数と体積含水率との関係を計算してみると，実は，ヒステリシスが現れないことである．図3.8に，体積含水率の関数として表した不飽和透水係数は，ヒステリシスの影響を受けないことを，黒ボク土

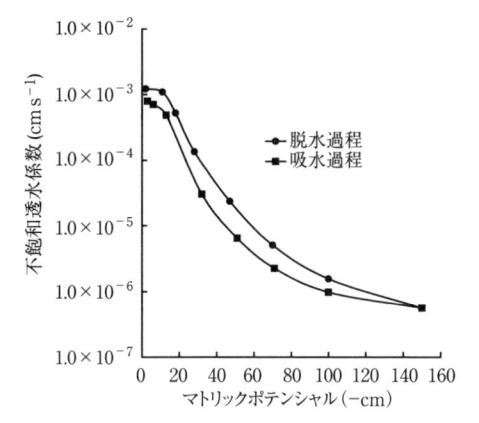

図 3.7 不飽和透水係数とマトリックポテンシャルのヒステリシス（黒ボク土下層土）

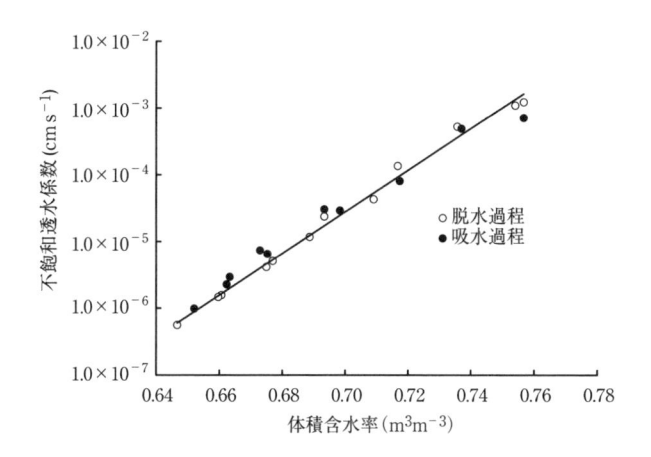

図 3.8 不飽和透水係数と体積含水率との関係（黒ボク土下層土）

の具体例によって示した．

d．体積含水率が低い土の不飽和透水係数

不飽和透水係数の値は，体積含水率が小さくなると著しく減少するので，その測定方法も，得られると予測される値に応じて適切に選ぶ必要が生ずる．しかし一般に，低い体積含水率における不飽和透水係数の測定には，多大な時間，労力，特別な装置，熟練などが要求され，精度の高いデータを得ることは容易ではない．図 3.9 には，マトリックポテンシャルが比較的低く，したがっ

て体積含水率も低い領域の不飽和透水係数とマトリックポテンシャルの実測例を三種類の土（黒ボク土，黄色土，灰色低地土）について示した．試料はいずれも畑地の攪乱土である．この図のマトリックポテンシャルの単位はMPaであるから，第2章で述べたように，$-1\text{MPa}=-10000\text{cmH}_2\text{O}=\text{pF}4$ という換算によって他の図と比較するとよい．図3.9に見られる特徴は，黄色土の不飽和透水係数が特に小さいこと，しかし，よりマトリックポテンシャルが低く（＝体積含水率が低く）なると，土の違いによる不飽和透水係数の違いが小さくなってくることである．水分恒数との関係で不飽和透水係数値をみると，どの土についても，生長阻害水分点に相当する-0.1MPa ではおおよそ10^{-8}〜10^{-9}cm s^{-1}，シオレ点に相当する-1.5MPa では10^{-10}〜10^{-11}cm s^{-1}のオーダーになる．

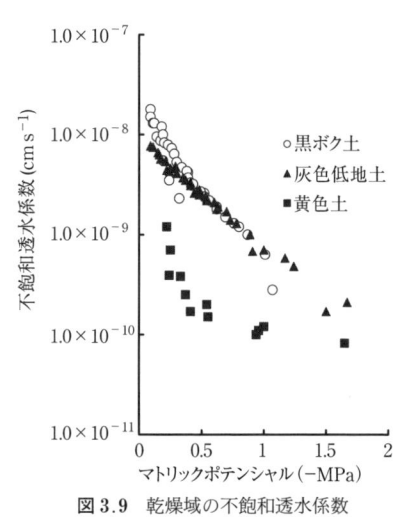

図 3.9 乾燥域の不飽和透水係数

3.4 不飽和浸透流の諸相

a．浸潤現象

土に水がしみ込んでいく現象を浸潤（infiltration）または浸入という．雨の降り始めは，浸潤速度は大きいが，やがて浸潤速度が小さくなる．このため，浸入できずに表面に残った水で水溜まりができるという現象について，古くから多くの研究が行われてきた．今までに多くの経験式，理論式が提出され

ているが,ここでは,代表的な二つの理論式を説明する.

● **グリーン-アンプトの理論**

1) 鉛直浸潤

図 3.10(a)のように,カラムに乾燥した土を詰め,表面に薄く水を張り浸潤させる.この浸潤過程をよく見ると,水が入って湿った部分と未だ乾いている部分との間に,浸潤前線と呼ばれる明瞭な境界面が観察される.そこで,グリーンとアンプト (1911) は,浸潤前線において毛管力と等価な力が水に働くと考え,この力を前進毛管力と名づけた.ここでは前進毛管力を f_c で表すことにする.さらに,浸潤部分の体積含水率は飽和であり一定と仮定する.このような浸潤過程にダルシーの法則を適用するには,湿った飽和部分において全ポテンシャル差による動水勾配を定め,飽和透水係数との積を求めればよい.地表面の全ポテンシャルは,基準面を地表面と定め,また地表面の湛水は十分に薄いと仮定することにより,ゼロとなる.浸潤前線の全ポテンシャルは,地表面から浸潤前線までの距離を L とすれば,$f_c - L$ で与えられる.そこで動水勾配は $(f_c - L - 0)/L$ と定まるので,浸潤速度 i は,

$$i = -k_s \frac{(f_c - L) - 0}{L} \tag{3.22}$$

k_s:飽和透水係数

f_c:前進毛管力

L:地表面から浸潤前線までの距離

で求められる.(注意深い読者は,ここでは座標軸が下向きに正となるように定義され,浸潤速度 i が正の値で求められることに気づくであろう.)

前進毛管力は,マトリックポテンシャルと同様,負の値をとるので,絶対値 $|f_c| = h_c$ とおいて (3.22)式を見やすくすると,

$$i = k_s \frac{L + h_c}{L} = k_s \left(1 + \frac{h_c}{L}\right) \tag{3.23}$$

h_c:前進毛管力の絶対値

(3.23)式の右辺カッコ内の 1 は,(3.8)式で説明したように重力項であり,h_c/L は前進毛管力による動水勾配を示す.前進毛管力は常に一定とすると,(3.23)式から,浸潤距離 L が長くなるほど浸潤速度 i は飽和透水係数に漸近

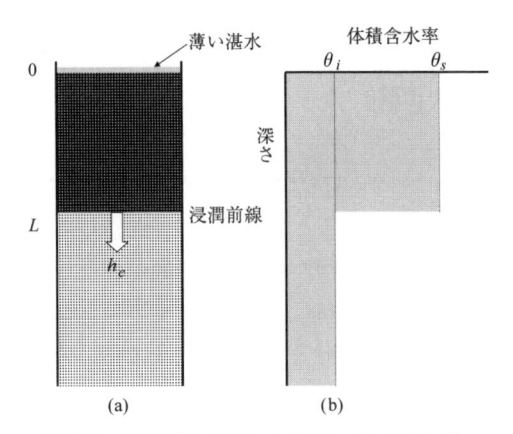

図3.10 浸潤現象（グリーンとアンプトの考え方）

する（$i \to k_s$）ことも示している．さらに浸潤部の体積含水率は飽和で一定と仮定しているから，積算浸潤水量 I は次のように表せる（図3.10(b)）．

$$I = (\theta_s - \theta_i)L = \Delta\theta L \tag{3.24}$$

θ_s：飽和体積含水率

θ_i：初期体積含水率

$\Delta\theta$：$\theta_s - \theta_i$

2) 水平浸潤

グリーン-アンプト理論を，水平浸潤にも適用しよう．まず，水平浸潤における水の駆動力は前進毛管力のみであるので，(3.23)式の重力項は消去され，

$$i = k_s \frac{h_c}{L} \tag{3.25}$$

L：水平浸潤距離

となり，積算浸潤水量は(3.24)式と同一となる．また積算浸潤水量と浸潤速度の関係は $dI/dt = i$ で与えられるので，(3.24)式を t で微分することにより，

$$i = \frac{dI}{dt} = \Delta\theta \frac{dL}{dt} = k_s \frac{h_c}{L} \tag{3.26}$$

が得られる．そこで，$t=0$ で $L=0$ という初期条件のもとでこの微分方程式を積分すると，

$$\int_0^L L\,dL = \frac{k_s h_c}{\Delta\theta} \int_0^t dt \tag{3.27}$$

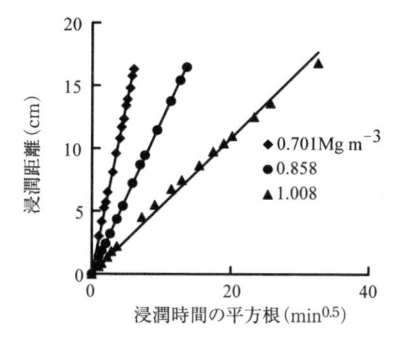

図 3.11 水平浸潤における距離と時間との関係

より

$$\frac{1}{2}L^2 = \frac{k_s}{\Delta\theta} h_c t \quad (3.28)$$

または，

$$L = \sqrt{\frac{2k_s}{\Delta\theta} h_c t} \quad (3.29)$$

という解が得られる．得られた(3.29)式は，水平浸潤では浸潤前線の位置 L が $\sqrt{t}$ に比例することを理論的に示している．(3.29)式を(3.24)式に代入すると

$$I = \sqrt{2k_s h_c t \Delta\theta} \quad (3.30)$$

なので，積算浸潤量が $\sqrt{t}$ に比例することも予測される．

以上の理論を確かめる実験の例を述べよう．図 3.11 はカラムに黒ボク土下層土（芽室）の風乾細土を異なる乾燥密度で充填し，水平浸潤試験を行った結果を示している．図中の数字は三種類の乾燥密度である．乾燥密度が大きくなるにつれて浸潤に非常に時間がかかるようになるが，浸潤距離 L と浸潤時間の平方根 $\sqrt{t}$ とが，確かに直線関係にあることが明瞭に示されている．室内実験系に限ればグリーン-アンプト理論の信頼性は高い．

● フィリップの理論

ダルシー式やグリーン-アンプトの式に見るように，土中水はポテンシャル勾配により移動する．しかし，クルートは，体積含水率勾配を駆動力とする水分移動を表現することは可能であると考え，1952 年に新しい考え方を導入した．その結果得られた式の形式は拡散型の偏微分方程式であったので，これを

拡散方程式と呼んでいる．フィリップはこの拡散方程式の解析法を多数発表した．その手法の解説は他書に譲るが，主に以下のような結論が得られている．

水平浸潤に対しては次式で表されることを示した．

$$I = S\sqrt{t} \tag{3.31}$$

S：ソープティビティ（sorptivity）

すなわち，グリーン・アンプトと同様に，積算浸潤水量は時間の平方根に比例するという関係を導いた．ソープティビティは(3.31)式におけるIと$\sqrt{t}$との比例係数であり，土の浸潤のしやすさを表す．

次に，鉛直浸潤に対しては，以下のように，積算浸潤水量が時間の平方根の級数で展開される式を導いた．

$$I = \int_{\theta_i}^{\theta_o} z d\theta = St^{1/2} + At + A_3 t^{3/2} + A_4 t^{4/2} + \cdots \tag{3.32}$$

θ_o：浸潤中の土の表面の体積含水率

θ_i：土の初期体積含水率

z：鉛直座標

A, A_3, A_4：透水係数と拡散係数から計算される係数

である．また，浸潤速度iはこれを微分し

$$i = \frac{dI}{dt} \tag{3.33}$$

で求める．実際問題としては，上式の右辺は第2項までとれば十分であるとして，浸潤速度については最終的に次式を提案した．

$$i = \frac{1}{2} S t^{-1/2} + k_s \tag{3.34}$$

k_s：飽和透水係数

この解により，以下の予測が成り立つ．まず，tが小さい浸潤初期の段階では，右辺第1項の数値が相対的に大きくなるので，k_sは無視できる．したがって，水平浸潤と同様に浸潤速度は$t^{-1/2}$に比例するであろう．次に，時間tが大きい浸潤後期の段階では，右辺第1項は単調に減少するので，$t \to \infty$では浸潤速度iがk_sに収束するであろう．以上の予測の正しさは，これまで実験室において確かめられているが，初期体積含水率の影響を受けることや，野外での予測精度が劣ることなど，適用範囲が限定された理論とされている．

b．再分布現象

前項で浸潤現象について述べたが，浸潤以後も土の中の水分は移動を続ける．表面からの浸潤が終了した後に続く水分移動を再分布現象と総称する．再分布現象には，浸潤終了後に継続して起こる浸透現象，土から地下水や排水路などへの排水現象，地表面蒸発に伴う水分上昇移動現象，などがある．

(1) 地表近傍の再分布　図3.12は，8月21日に強い雨（総雨量104 mm）が降った後の畑地におけるマトリックポテンシャル分布の時間変化の実測例を示している．このマトリックポテンシャル分布を観察し，バッキンガム-ダルシー式(3.18)を適用して，どのような再分布現象が起きているか推定することができる．なお，土は黒ボク土であり，マトリックポテンシャルが小さいほど（座標軸の左側に進むほど）体積含水率が小さい．

図3.12において，8月21日18時のマトリックポテンシャル分布は，ほぼ垂直である．このような分布のとき，(3.18)式のマトリックポテンシャル勾配 $d\phi_m/dz$ は，ほぼ0とみなしてよい．その結果，重力項のみによる下向き浸透が起きていると推定される．8月22日から23日にかけて，マトリックポテンシャルは徐々に減少し，その勾配が $d\phi_m/dz=-1$（図に破線で示した直線）に向かって漸近している．(3.18)式に $d\phi_m/dz=-1$ を代入すれば動水勾配 $d\phi_T/dz$ はゼロとなり，$q=0$ となってすべての水分移動が停止する．つまり，このフィールドでは大雨の約2日後も，下向きの水分移動が継続し，その後

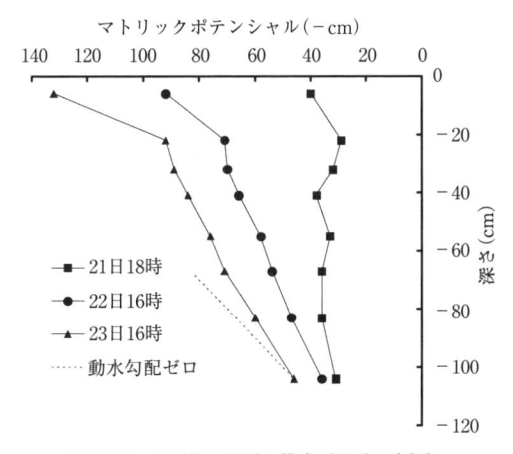

図3.12 大雨後の浸透と排水（黒ボク土畑）

徐々に $q=0$ に漸近したことがわかるのである．なお，8月23日の地表面付近に見られるマトリックポテンシャル勾配と水分移動については，演習問題3.6参照のこと．

(2) 深層土中の再分布　地表面に近い土の中では，降雨や乾燥に伴う水の再分布が繰り返されているが，ある程度深い土層中では，水の移動と再分布は比較的穏やかに進行する．

図3.13は，深さ1mにおける水移動を1年間測定し続けた貴重なデータである．左側の縦軸に1m厚さの土層が保持する水の量（保水量）と，深さ1mにおける水のフラックスとを示し，右側の縦軸には1年を通じた降雨（日雨量）を示している．1m厚さの土層の保水量はおよそ600mmの水深相当であることがわかっているので，保水量が600mmを越えた分をプラス，不足分をマイナスで，-200から$+200$mmまでの目盛の中に表示した．また，水の移動フラックスを直接測定することは困難なので，深さ0.9mと1.1mにおいて継続的にマトリックポテンシャルを測定し，深さ1mにおけるマトリックポテンシャル勾配を決定し，得られたマトリックポテンシャル勾配をバッキンガム-ダルシー式(3.18)に代入することにより，その時々のフラックスを推定した．フラックスの単位は（目盛りの読み）$\times 10$ mm d^{-1}で示した．土は

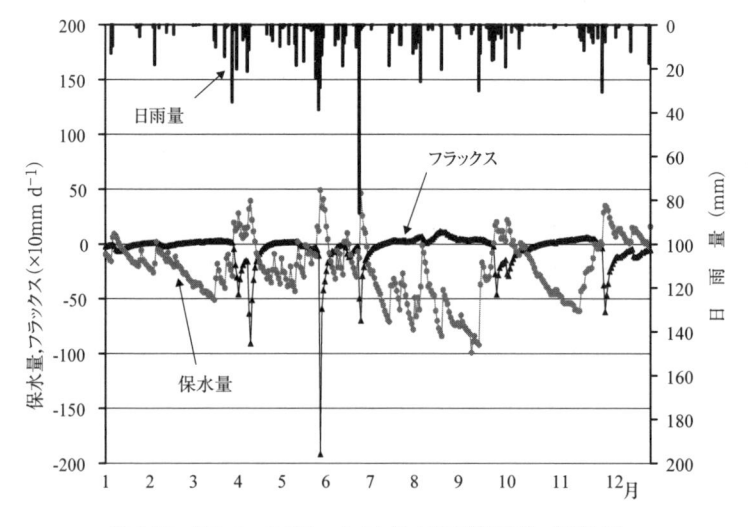

図3.13 深さ1mのフラックスと保水量の経時変化（1997年）

つくば市の黒ボク土である．

図 3.13 においてフラックスの変動を見ると，1 年間のほとんどはほぼ 0 であることがわかる．降雨の多い 4 月，6 月，9 月 12 月に，下向きのフラックスがあり，特に 6 月の下向きフラックスが大きいことがわかる．さらに詳細に図を見てみると，7 月，8 月には上向きフラックスを生じていることがわかる．夏の好天，高温時に，地表面が乾燥し，深さ 1 m の水も地表面に向けて引き上げていることがよくわかる．

わが国は，降雨が多いので，再分布においては上向きフラックスより下向きフラックスの方が多いといわれているが，実際にそれを確かめたフィールドデータは，ここで示した以外にはほとんど見られないのが実情である．

演習問題

3.1 飽和浸透流に関する以下の記述から正しいものを選べ．
 ア．マクロポアを有する土中の飽和浸透流は，ポアズイユの法則に従う．
 イ．圧力ポテンシャルが 30 cm，位置ポテンシャルが -30 cm の飽和土中では，全ポテンシャルは 0 cm となる．
 ウ．動水勾配は，常に圧力ポテンシャル勾配と等しい．
 エ．飽和透水係数とは，フラックスと動水勾配の比例係数である．
 オ．水のフラックスの単位は $cm\,s^{-1}$, $m\,s^{-1}$ などで与えられるので，これらを速度と考えてよい．
 カ．$10^{-5}\,m\,s^{-1}$ という飽和透水係数の値は，土としては大きい方である．

3.2 不飽和浸透流に関する以下の記述から正しいものを選べ．
 ア．同一のマトリックポテンシャルで比較するとき，粘土の方が砂よりも高い不飽和透水係数を示すことがある．
 イ．マトリックポテンシャルが小さいほど不飽和透水係数は小さい．
 ウ．体積含水率が小さいほど不飽和透水係数は小さい．
 エ．成層土では，層境界面におけるマトリックポテンシャルは連続でなければならない．
 オ．成層土では，層境界面における体積含水率は連続でなければならない．
 カ．重力場では，土中水は常に下方に移動する．

3.3 図のように土を詰めた断面積が既知の円筒の両端 A，B に水溜を接続し

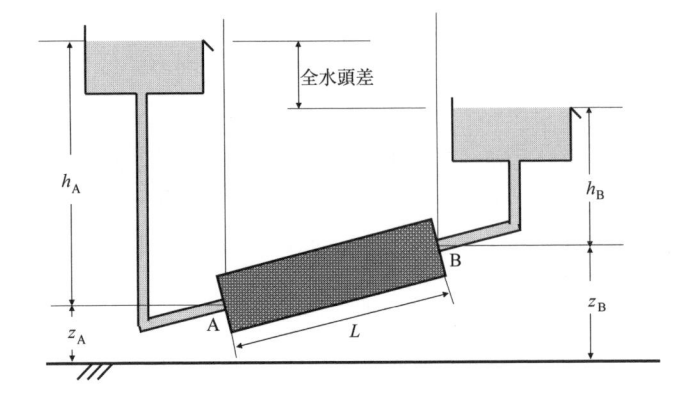

て一定水位で水を流した．カラムの断面積 S cm^2，浸透流量 Q cm^{3}s^{-1} が既知のとき，この土の飽和透水係数を求める式を示せ．

3.4 乾いた大地に1日中雨が続くと，比較的速やかに下層土まで湿潤状態になるが，降雨が止み，晴天となっても，下層土が乾燥するまでには非常に長い時間がかかるのはなぜか．

3.5 飽和ダルシー式(3.8)と不飽和ダルシー式(3.18)の共通点と相違点は何か．

3.6 図3.12において23日16時のマトリックポテンシャル分布をみると，地表面から深さ20 cmまでの領域で，非常に大きな勾配を示している．ここで起きている水分移動を説明せよ．

解　答

3.1 イ，エ，カ

(**参考**) ア：マクロポアの中の流れが層流であれば，ポアズイユの法則に従うが，マクロポア内の流れが全て層流であるとは限らない．特に大きなマクロポアであれば乱流が現れることもある．ウ：動水勾配は全ポテンシャル勾配に等しい（式(3.8)参照）．オ：フラックスは，物理的には速度ではなく，流束あるいは流束密度である．そして，体積ベースでのフラックスの単位は，cm^3 cm^{-2}s^{-1} または m^3 m^{-2}s^{-1} をそれぞれ整理して，cm s^{-1}，m s^{-1} と表す．これらは速度と同じ単位になるので，まぎらわしい．質量ベースのフラックスの単位は，たとえば g m^{-2}s^{-1} となるので，速度ではないことがはっきりわかる．

3.2 ア，イ，ウ，エ

(**参考**) ア：弱い雨の後に砂山を崩してみると，砂の表面は湿っているのに内部がからからに乾いていることがある．これは，砂の不飽和透水係数が非常に小さいので，降った雨がほとんど停止し，その水がなかなか内部にまで侵入しないことによる．カ：重力は常に下に向かって作用するが，マトリックポテンシャル勾配が上向きに大きい場合，全ポテンシャルが上向きになり，上向きのフラックスを生じることもある．

3.3 水はAからBに向かって流れるので，全ポテンシャル差 ΔH は

$$\Delta H = h_A + z_A - h_B - z_B$$

また，流量 Q は，ダルシー式により

$$Q = k_s \frac{\Delta H}{L} S$$

であるから，

$$k_s = \frac{QL}{S\Delta H} \quad (\text{cm s}^{-1})$$

3.4 降雨の浸潤では土の表面が十分湿っていて不飽和透水係数も大きく，浸透水が速やかに下層土まで達するが，土の表面が乾燥するとその部分の不飽和透水係数が低くなり，上向きの水分移動量が低下することによる．

3.5 共通点：(3.8)式と(3.18)式は，どちらもフラックスが動水勾配（全ポテンシャル勾配）と比例関係にあること．
相違点：その比例係数が，(3.8)式では土によって一定の値が決まる飽和透水係数であるのに対し，(3.18)式では，それぞれの土のマトリックポテンシャルの関数として与えられる不飽和透水係数であること．

3.6 マトリックポテンシャル勾配 $d\phi_m/dz$ が -1 よりさらに小さいことから，(3.18)式の動水勾配 $d\phi_T/dz$ が負の値に転じるので，フラックス q の値は正になる．すなわち，水が上昇移動に転じたことを意味する．これは，地表面からの蒸発がもたらした水分移動と考えられる．

4. 土の中の溶質移動

 土の中には間隙があり，間隙中には空気や水に加えて様々な溶解物質が含まれている．前章では，土の中の水が移動し，それが溶解物質をも輸送する重要な役割を担っていることを強調した．しかし，溶解物質それ自身の移動法則は，かなり複雑であり，相当に経験をつんだ技術者にとってもなお扱いにくい代物である．実際，水道汚染訴訟を扱ったノンフィクション小説『シビル・アクション』に実名で登場する高名な地下水理学教授でさえも，裁判所での証言に失敗したことが実話として描かれているが，これは地下水中のトリクロロエチレンの移動を説明することの困難さがその理由であった．本章では，このような溶質移動のメカニズムの基礎を学ぶ．

4.1 溶質移動のメカニズム

 土壌水中には，カルシウム，マグネシウム，カリウム，ナトリウムなどの硝酸塩，塩化物塩，硫酸塩，炭酸水素塩が，溶質成分として含まれている．重金属など有害物質や環境汚染物質が溶質として存在することもある．これら溶質成分は，主に四つの作用すなわち拡散作用，移流作用，移流に伴う水力学的分散作用，吸脱着作用，を受けて土中を移動する．これらの概念を，線形の数式を用いて説明しよう．

a．拡散

 溶質成分が移動する第一のメカニズムは拡散移動（diffusion）である．拡散は溶質分子の熱運動に起因する移動であり，その移動量は物質の濃度勾配に比例する．水中で溶質が拡散する場合，その拡散移動量はフラックスで表される．水中の溶質成分のフラックスとは，水のフラックスと同様単位時間に単位断面積を通過する物質量のことをいい，濃度勾配に比例するので，次式で定義

される．

$$q = -D_{\text{dif}}\frac{dC}{dx} \qquad (4.1)$$

　　q：拡散による水中の溶質フラックス
　　D_{dif}：水中溶質拡散係数
　　C：溶液濃度（単位体積の溶液中に含まれる溶質量）
　　x：距離

式(4.1)の右辺にマイナス符号がつくのは，第3章の水の場合と同様，フラックスは距離 x の値が大きいほど濃度 C の値が小さいという状況を打ち消す方向に生じるので，濃度勾配 dC/dx が負の値のとき q が正の値となるからである．溶質フラックスは，移動する物質の拡散係数が大きいほど，またその物質の濃度勾配 dC/dx の絶対値が大きいほど大きい．

　図4.1は，1本のパイプの中で静止している水中の1箇所に，ある濃度の溶液を注入したときの溶液濃度分布の変化と，同じ形のパイプの中に土が詰まっているときの溶液濃度分布の変化を模式的に表している．拡散移動は左右双方に均等に生じているが，土中の拡散による広がりの方が小さい理由は，土中の溶質拡散係数の方が，水中の溶質拡散係数より小さいからである．拡散による土中の溶質移動は，

$$q_{\text{soil}} = -D_{\text{soil}}\frac{dC}{dx} \qquad (4.2)$$

　　q_{soil}：拡散による土中の溶質フラックス
　　D_{soil}：土中の溶質拡散係数

と表される．土中の溶質拡散係数 D_{soil} は水中の溶質拡散係数 D_{dif} より小さくなるが，その主な原因は二つある．一つは溶質の移動経路が土粒子によって屈曲し，経路長が大きくなることであり（経路長に対する直線距離の比を屈曲度という），このことによる溶質拡散係数 D_{dif} の減少は，およそ $(2/3)^2$ 程度と考えられている．他の一つは，体積含水率の低下につれて溶質が拡散する通過断面積が減少することである．そのため，溶質フラックスは，体積含水率が小さければ当然減少する．たとえば，体積含水率50％の土中の溶質フラックスは，経路長効果 $(2/3)^2$ と体積含水率効果0.5との積で与えられるので，同じ濃度勾配を持つ溶液中の溶質フラックスの約2/9倍である．

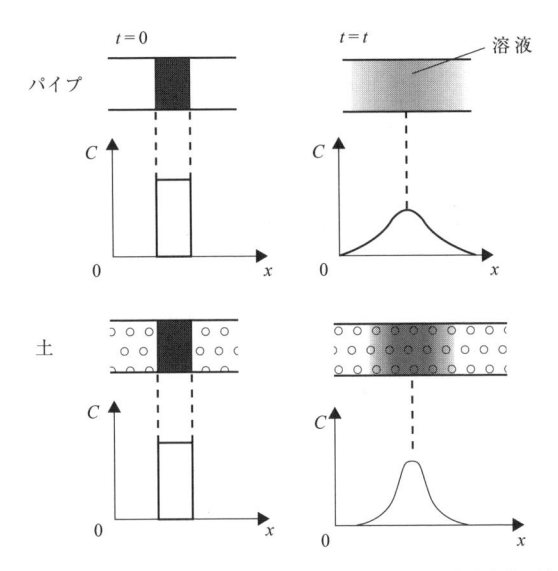

図4.1 1本のパイプの中で静止している溶液中の溶質分子拡散と，土壌溶液中の溶質分子拡散の違い

b．移流

溶質成分が移動する第二のメカニズムは移流（advection または convection）である．水が土中を移動するとき，水に溶解した成分も同時に輸送されるので，このような溶質移動を移流という．溶質を輸送する水の移動速度を平均間隙流速で表すとき，移流による溶質フラックスは

$$q_{\mathrm{adv}} = \theta C \bar{u} \tag{4.3}$$

q_{adv}：移流による溶質フラックス

θ：体積含水率

C：溶液濃度

$\bar{u}$：平均間隙流速

で表される．θ と C の積は，単位体積土中の溶質の質量に他ならない．また，平均間隙流速は水分フラックス q_w を体積含水率で除した値

$$\bar{u} = \frac{q_w}{\theta} \tag{4.4}$$

で定義される．平均間隙流速は，飽和土でも不飽和土でも，それぞれの q_w と θ の値から決めることのできる重要な概念である．(4.4)式を用いて平均間隙

流速 $\bar{u}$ を(4.3)式から消去すれば，溶質フラックスの別の表し方として

$$q_{\mathrm{adv}} = q_w C \tag{4.5}$$

が求まる．移流項としては，後から求めた式(4.5)を用いることが多い．

c. 水力学的分散

　溶質成分が移動する第三のメカニズムは，移流に伴う水力学的分散移動 (mechanical dispersion) である．前項で，移流を平均間隙流速で表したが，実際の土の間隙中ではさまざまな流速が分布している．1個の間隙中で見れば，粒子壁面近傍と間隙の中央部付近とでは土壌水の流速が異なり，土のひとつの断面を見れば，間隙の大きさによってそれぞれの間隙中の平均流速が互いに異なり，間隙を三次元的に見れば，互いに分岐したり合流したりして異なる濃度の溶液が混合しやすい．土の間隙中では，このようないわば水力学的複合現象が起きているので，溶質は平均間隙流速の前後に広がりをもって分布することになる．これが水力学的分散移動である．"水力学的"とことさらに表現するのは，この現象は水が静止した状態では起こらず，必ず移流（水が移動している状態）に伴って生ずるからである．この点は，水が停止していても濃度勾配さえあれば移動現象を生ずる拡散とは明確に区別できる．

　さて，水力学的分散現象を，図4.2のように，水で満たされた1本のパイプ中の流れでモデル化してみる．水が右方向へ移動している細いパイプ中では，壁面付近の流速はゼロに近く，パイプ中央部の流速が最大になるような速度分布が現れる．これはポアズイユの法則（第3章参照）として知られている．このパイプ中に，ある濃度の溶質をパルス状に与えると，時間 t 後には図4.2(b)上図のように壁面付近では初期状態に近く，パイプ中央付近では初期状態から大きく隔たる．そこで，パイプの長さ方向に溶液濃度分布を表してみると図4.2(b)下図のようになる．これが典型的な水力学的分散現象である．さらに，3本の太さの異なるパイプを組み合わせ，同様の流れを与えたとき，これら3本を込みにした濃度分布は図4.3のようであろう．図4.4は，間隙を三次元的に見たときの溶液の速度分布，合流・分岐などを概念的に表したもので，間隙の大きさによって各間隙中の平均濃度が C, C', C'', … と異なる．

　水力学的分散移動による溶質フラックスが，拡散フラックスと同様に溶質濃度勾配に比例する形式で表現されることは，1953年にテイラーによって証明

58　4. 土の中の溶質移動

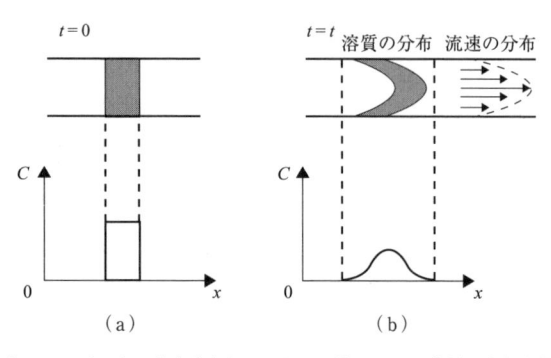

図4.2 1本のパイプの中で速度分布を示しながら流れている溶質の水力学的分散移動

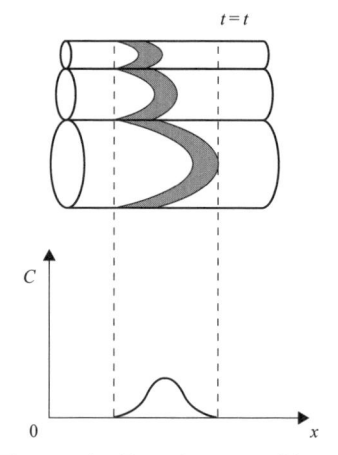

図4.3 3本の異なる太さのパイプ中で，それぞれの流速分布を示しながら流れている溶質の水力学的分散移動

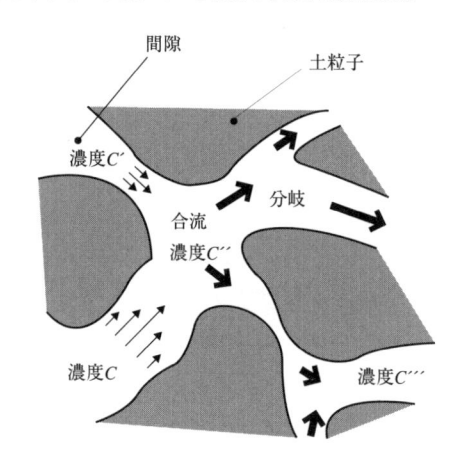

図4.4 水力学的分散の複合現象

された．土中で生ずる溶液の水力学的分散によるフラックスは，

$$q_{\mathrm{disp}} = -D_{\mathrm{disp}}\frac{dC}{dx} \tag{4.6}$$

　　　q_{disp}：水力学的分散移動による土中の溶質フラックス
　　　D_{disp}：水力学的分散係数

となる．また，水力学的分散移動は移流に伴う移動であるから，移流速度に関係する．この関係は，水力学的分散係数 D_{disp} と平均間隙流速 $\bar{u}$ との関係で求

められ，どちらも対数軸を用いると図4.5のような直線関係がある．特に，D_{disp} が $\bar{u}$ に正比例する実験データも多いので，その場合，単純に $D_{\text{disp}} = \lambda \bar{u}$ という比例式を与え，λ を分散長（dispersivity）と呼ぶ．

ここまで述べてきた三つの移動要因（拡散，移流，水力学的分散）を加算す

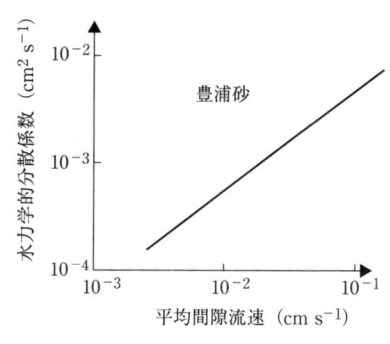

図 4.5　水力学的分散移動

ると，溶質フラックス q_s は，

$$q_s = q_{\text{soil}} + q_{\text{adv}} + q_{\text{disp}}$$
$$= -D_{\text{soil}}\frac{dC}{dx} + q_w C - D_{\text{disp}}\frac{dC}{dx} \tag{4.7}$$

と表され，濃度勾配の項が共通なので，これを括り出し，

$$q_s = -(D_{\text{soil}} + D_{\text{disp}})\frac{dC}{dx} + q_w C \tag{4.8}$$

と表すことができる．ここで，溶質分散係数（hydrodynamic dispersion coefficient）D_s を土中の溶質拡散係数と力学的分散係数の和

$$D_s = D_{\text{soil}} + D_{\text{disp}} \tag{4.9}$$

で定義し，

$$q_s = -D_s\frac{dC}{dx} + q_w C \tag{4.10}$$

と整理した式が，溶質移動を表す式として最も多く用いられる．式(4.10)右辺第1項を分散項，右辺第2項を移流項と呼ぶ．水力学的分散は，移流に伴い必然的に生ずる物理現象であるから，むしろ移流項の中に含まれていてもおかしくないのであるが，上記のように形式（数式）を整える過程で拡散移動と同形

式にまとめられるので，拡散と水力学的分散とを合算して分散項と呼ぶのが慣わしとなっている．

d．吸脱着

溶質成分の移動に関わる第四のメカニズムは，溶質の吸着（adsorption）またはその離脱作用である．近年，ミクロな研究が発達して，従来，吸着作用と思われていたものの中に，実は土粒子のごく近傍で生ずる沈殿現象も含まれていることがわかってきたので，吸着と沈殿を総合的に収着（sorption）と呼ぶようになっているが，本書では従来どおり吸着のみを考えることにする．土の間隙中を移動する溶質は，図4.2や4.3のようなパイプ中とは異なり，土粒子や土壌有機物，植物根などと接触するので，これらの物質表面に吸着されたり，逆に物質表面に存在していた物質が離脱して溶液中に混入したりする．最も典型的な例は，ナトリウムイオン Na^+ を吸着している土中にカリウム溶液を流す場合である．溶液中のカリウムイオン K^+ は，溶質の分散と移流によって土の間隙中を移動するが，粘土鉱物表面の Na^+ と出会うと，K^+ が粘土鉱物表面に吸着され，Na^+ は溶液中に溶け出す．これをイオン交換現象（第1章参照）という．このように，イオンによって粘土鉱物表面への吸着されやすさが異なることを，イオン選択性といい，カリウムのイオン選択性はナトリウムの5倍も大きいのである．イオン選択性は選択係数という指標で表したり，次項に示すイオン交換吸着等温線で評価したりする．こうした溶質の吸着・脱着作用は，複雑な現象であるため，次項で基礎的な理解を得ることにする．

4.2 溶質の吸着と脱着

溶質が土粒子に吸着されたり，脱着されたりする現象は，化学反応と類似した現象として理解することができる．たとえば陽イオンAがイオン交換体（すなわち土粒子）Rに吸着されているとき，価数が等しい別の陽イオンBが現れてイオン交換が起こるとき，イオン交換式は

$$A \cdot R + B = B \cdot R + A \qquad (4.11)$$

と表される．いま知りたいことは，新たに現れた陽イオンBは，溶液濃度をどれだけにすれば吸着量がどれほどになるか，である．そこで，陽イオンBの溶液濃度を単位体積溶液中の質量 C (mg l^{-1}) で表し，吸着量を単位乾土質

量あたりの質量 S(mg kg^{-1}) で表すことにすれば，C と S との関係は図 4.6 のような種類に分けられる．これらの曲線のことをイオン交換吸着等温線または単に吸着等温線という．外液濃度 C と吸着濃度 S との関係は

$$S = K_d C \tag{4.12}$$

と表され，K_d を分配係数（partition coefficient, m^3 kg^{-1} または cm^3 g^{-1}）と呼ぶ．外液濃度と吸着濃度との関係を (4.12) 式や図 4.6 で表すことは，価数が等しくないイオン交換にもあてはめることができる．

図 4.6(a) のヘンリー型すなわち線形の場合には，K_d は物質により決まる一

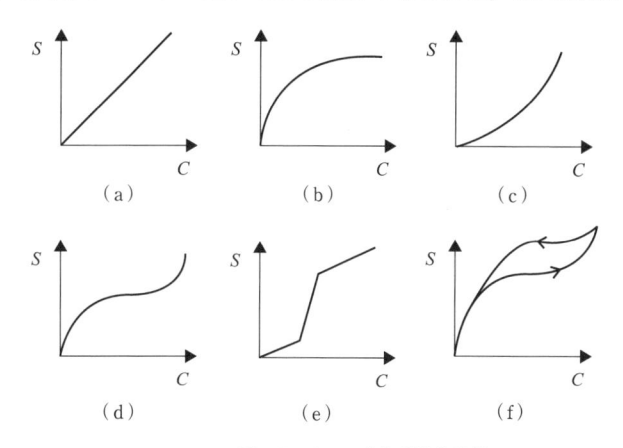

図 4.6 イオン交換吸着等温線
交換平衡曲線ともいう．

定値となるが，それ以外の吸着パターンを持つ場合には，C と S の関係は複雑になる．たとえば，図 4.6(b) は外液濃度が少し上昇すると吸着量が急激に増加する場合，図 4.6(c) は外液濃度が上昇しても吸着量があまり増加しない場合であり，どちらも外液濃度がより高くなるとこうした傾向が変化する．図 4.6 (d)，(e)，(f) はさらに複雑な場合のモデルである．本書では最も単純な線形式を用いるので，K_d は定数として扱う．

溶質は気相，液相，固相のそれぞれに存在するので，単位体積土壌中の溶質総量 C_v は，それらの和として表さねばならない．すなわち，

$C_v =$(固相に吸着している溶質量)+(液相中の溶質量)+(気相中溶質量)
$$= \rho_b S + \theta C + a C_{\text{gas}} \tag{4.13}$$

ρ_b：土の乾燥密度
a：気相率
C_{gas}：気相中の溶質濃度

となる．分配係数 K_d の値が与えられると，単位体積土中で液相中の溶質濃度 C が ΔC 増加するとき，固相への吸着量 S が $K_d \Delta C$ だけ増加することを予測できる．

われわれの身の回りで，土への吸着が問題になるのは，たとえばカドミウムや鉛のような重金属汚染である．多くの重金属イオンは陽イオンとして振舞うので，負の荷電を持つ粘土鉱物によく吸着される（第1章参照）．このような重金属の吸着は，土壌溶液の pH にも左右され，pH が低いと（酸性に傾くと）溶液中に溶解し，pH が高いと（アルカリ性に傾くと）土に吸着されたり沈殿したりする．土に含まれるアルミニウムのような金属も，強い酸性になると溶液中に溶け出し，植物根の正常な発達を阻害するので，この面からも酸性雨には注意が必要となる．

4.3 溶質移動現象とブレークスルーカーブ

土中の溶質移動を現象として捉えるためには，土の外部から所定濃度の溶液を流入させ，その溶液が土全体を通過して排出されたときの流出溶液の濃度を測定することが，最も一般的である．まず，図4.7のような装置を用い，土のカラムを水で飽和させ，しばらくの間上から下に水をゆっくり流して，流入量と流出量が等しい状態に置く．次に，すばやく水の流入を止め，用意した溶液（濃度 C_0）の栓を開いて土に流入させる．この切り替えの瞬間を実験開始時間とし，その後，流出溶液の濃度（$C(t)$）を次々と測定する．このようにして得られたデータをグラフにすると，図4.8のようになる．

図4.8をブレークスルーカーブ，または流出濃度曲線という．ブレークスルーカーブの訳語として破過曲線と呼ぶこともある．縦軸が流出溶液の相対濃度 $C(t)/C_0$ で表してあり，0から1までの値をとる．横軸は時間で表すこともできるが，より一般的には時間を無次元化した値であるポアボリューム（pore volume）を用いる．ポアボリュームとは，カラムから排出された溶液総量（$q_w t A$）とカラム内の土壌がもともと含んでいた水分の総量（$\theta L A$）との比で

定義され，

$$\text{pore volume} = \frac{q_w t}{\theta L} = \frac{\bar{u} t}{L} \qquad (4.14)$$

と表される．ただし，A は土の断面積であり，分子分母で相殺される．q_w は水分フラックス，$\bar{u}$ は平均間隙流速（q_w/θ），t は排出時間，L はカラム長さである．土がもともと含んでいた全水分量に等しい溶液が排出された時間が，pore volume＝1 となる．図4.7のように，土をあらかじめ飽和させてあれば，ポアボリュームを，カラムから排出された溶液総量とカラム内の土の間隙量との比で定義してもよい．

　図4.8に示されたブレークスルーカーブは，カラム内の土中で，前述の拡散，移流，力学的分散，吸脱着が，どのように生じているかを総合的に表している．すなわち，曲線1は，溶質移動が主として移流によって生ずる場合である．曲線1では，拡散，力学的分散，吸脱着はほとんど生じない，ピストンフローともいわれる溶質移動である．ピストンフローでは，1ポアボリュームの新規流入溶液が先行土壌溶液のすべてを系外へ押し出す．曲線2は，溶質移動

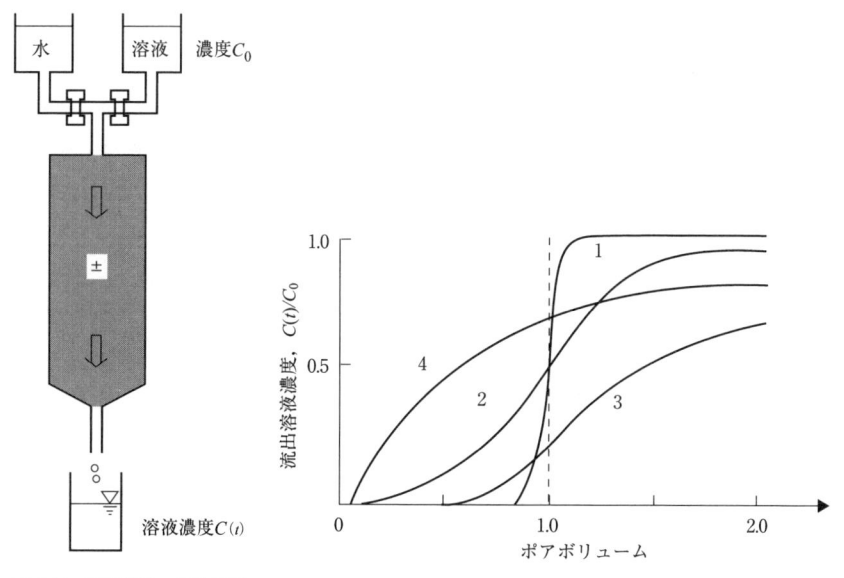

図4.7　溶質移動の測定装置　　図4.8　ブレークスルーカーブ（流出濃度曲線）の種類

が拡散，移流，力学的分散によって生ずる場合であり，吸脱着の影響が少ないときに見られる曲線である．曲線3は，溶質移動中に吸着現象が起きる場合で，新規に加えられた溶質がなかなか排出されず，1ポアボリュームを超えても流出濃度曲線があまり上昇しない様子を表している．曲線4は，土の中にマクロポアがあって，流入溶液が早くから排出されてしまう場合を表している．曲線3や曲線4は，フィールドの溶質移動でしばしば現れる現象なので，曲線1や2と同じく重要性が高い．土の中にマクロポアや発達した団粒構造など著しい不均一性が存在することによって，地下水や土中水が予測を大幅に上回る早い流れと排出を起こすことがあり，このような流れが起こると早期に溶質の排出が開始され，曲線4に該当する結果が現れるのである．

ブレークスルーカーブの基本的な特徴は，移流と溶質分散のどちらが優勢であるかによって分類することができ，分類の指標としてブレナー数（Brenner number）B

$$B = \frac{\bar{u}L}{D_{\text{disp}}} \quad (4.15)$$

を用いる．（ブレナー数は，熱伝導現象で用いられる無次元数，ペクレ数（Peclet number）とほぼ同義語なので，(4.15)式をペクレ数と呼ぶ類書も多い．）ブレナー数は，分母に比して分子が大きいものは移流が優勢，分母が大きいものは溶質分散が優勢である．したがって，ブレナー数が大きいものほど移流が支配的で，ブレナー数が小さいものほど溶質分散が支配的と言い換えることができる．図4.8でいえば，ブレナー数が50前後ならどちらかというと曲線2へ，また500以上ならどちらかというと曲線1へ近づくと考えてよい．ちなみに，ピストンフローはブレナー数が非常に大きい溶質移動である．

演習問題

4.1 以下の記述において正しいものを選べ．
　ア．土中の溶質の水力学的分散現象は，溶質移流現象に伴って必然的に生ずる現象である．
　イ．土中の溶質移流フラックスは，平均間隙流速の関数である．

ウ．土中の溶質分散現象というのは，土中水の流速分布，流れの分岐・合流，溶質分子拡散などによってもたらされる，溶質の広がりに関する総称である．

エ．ブレナー数が著しく大きいとき，移流現象はほとんど無視できる．

オ．ブレークスルーカーブとは，土からの流出溶液濃度が飛躍的に高いことを示す曲線である．

カ．土中のイオン交換とは，土粒子に吸着されているイオンが溶液中の別種のイオンと入れ替わる現象に他ならない．

キ．土中のイオン交換では，一般に，陰イオン交換現象より陽イオン交換現象の方が多く起こる．

4.2 土中の溶質の分子拡散係数 D_{soil} を小さくさせる主な原因を2項目挙げよ．

4.3 地下水がヒ素で汚染されていたとする．ヒ素汚染領域の拡大を予測するためには，どのような測定が必要だろうか．

4.4 土の重金属汚染（カドミウム Cd のような）が社会的注目を集めている．なぜ重金属は土中にとどまりやすいのだろうか．

4.5 ポアボリュームの概念を説明せよ．

解　　答

4.1 ア，イ，ウ，カ，キ
(参考) エ：定義により，移流の寄与が大きいときブレナー数は大きい．
キ：土中に含まれる粘土粒子の荷電は，正荷電である場合より負荷電である場合の方がおよそ10倍くらい多いと考えられている．

4.2 間隙が複雑に屈曲していること，液状水が存在する空間でのみ移動可能なこと．

4.3 地下水は流動していると考えられるので，(4.10)式を参照し，ヒ素の分散係数，濃度勾配，地下水フラックス，ヒ素濃度が必要であろう．加えて，地下水中のヒ素濃度と土への吸着量の関係を知るために，ヒ素の吸着等温線を求めなければならない．

4.4 多くの重金属は，土壌溶液中で解離して正荷電のイオンとして振舞うので，負荷電の多い土粒子表面に吸着されやすいため．

4.5 土のカラムの上端から外液を注入し，下端から排出される溶液量を測定したとする．このとき，「カラム下端から排出された溶液総量」と「カラム内の土が事前に含んでいた溶液総量」の比を数値で表したものである．

5. 土の中の熱移動

　土の中の熱移動と，ふつうの固体中の熱移動とでは，どこが共通していてどこが異なるのだろうか？　最も大きな相違は，固相，液相，気相という土の三相それぞれを熱が移動することであり，これら三相を平均化して単一の物体と仮定すれば，一般の熱伝導と共通となる．三相の中を熱が移動する際，そのメカニズムとしては，伝導が主たるものであるが，土の中の液状水や水蒸気を含む気体の移動にともない熱が運ばれる対流や，水の気化や凝縮にともなう潜熱輸送も関与している．この章では，三相構造をもつ土の熱移動について，その基礎を学ぶ．

5.1　土の温度

　土の温度を測ると，気温とはずいぶん異なることがわかる．夏の晴天日に乾いた地表面の温度を測定すると，50℃かそれ以上に高くなっている．ところが，地面を10 cmから20 cmほど掘ってみると，そこは気温より低く，ひんやりしている．同じ土の温度を夜間測定すると，地表面はひんやりしているが，少しでも地面を掘ると逆に暖かい．よく夏の早朝に多数のミミズが地上で干からびて死んでいるのを見かけるが，恐らく夜間に土の内部が暖かすぎるので，より低温である地表面に殺到したものの，日の出と共に地表面が急激に暖められて逃げ場を失ったミミズが息絶えたものであろう．

　1日の地温変化を見ると，図5.1に示すように，地表面では最大30℃ぐらい差があるが，地表面下40 cmではほとんど温度変化が無くなる．1年の地温変化を見ると，図5.2に示すように地表面下10〜16 mほどで変化が見られなくなる．このように1年を通じて地温変化が見られなくなる深さを不易層（ふえきそう）と呼ぶ．地下室でワインを貯蔵するなら，不易層に達するような深い地下室を求め

るべきだろう．熱伝導率が小さい土壌の不易層は浅いので，火山灰土の土地の不易層は一般に浅いと考えてよい．なお，不易層の温度は，ほぼその土地の年平均気温に等しいことが知られている．

土壌面がわずかに北向きであるか南向きであるかによっても土の温度は異なる．北半球では，南向き斜面の温度が高く，北向き斜面の温度が低い．北緯47度あたりに位置する草原の国モンゴルでは，南向き斜面には全く樹木が生

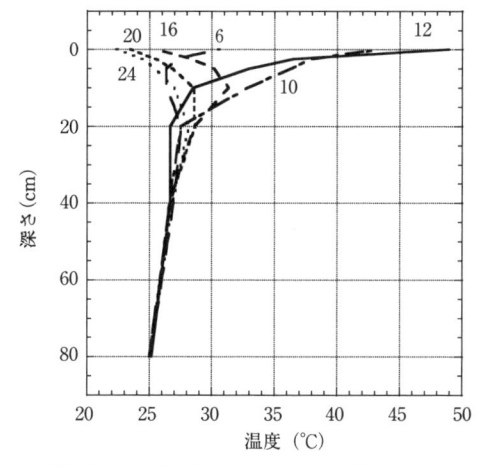

図 5.1 地温の日変化（1975・8 東京）図中の数字は時刻を示す．

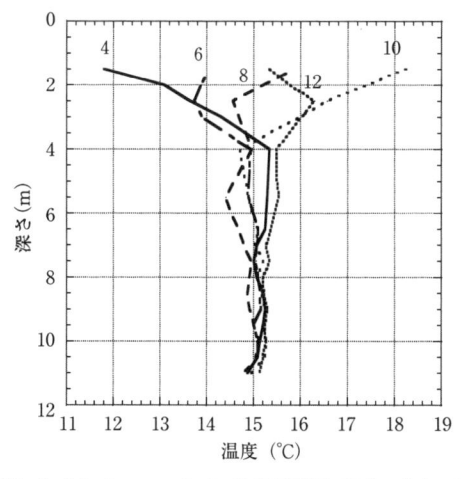

図 5.2 地温の年変化（1981 つくば・農技研圃場）図中の数字は月を示す．

えないのに，北向き斜面のごく一部に樹木が生育するが，これは，雨量の少ないモンゴルにおいて，北向き斜面の温度が低い分だけ土壌水分の蒸発量が少なく，樹木が生育するだけの水分を保持できるからであろう．

5.2 地表面の熱収支

土の温度は，地表面の熱収支によって決められる．地表面の熱収支式は，太陽からの純放射量 R_n が地表面においてどう配分されるかを表現するものである．その配分先は，図5.3のように，地表面が大気を暖めるのに消費される顕熱量（Hで表す），土壌面蒸発（蒸発量 E で表す）により水の蒸発潜熱（Lで表す）として消費される熱量（LEで表す），地表面から土中へ向かって熱が移動することによって土の内部を暖めるのに消費される熱伝導量（Gで表す）である．蒸発の潜熱 L は単位質量の水が蒸発するときの値（約 2.4 MJ kg^{-1}）である．すなわち，熱収支式は

$$R_n = H + LE + G \tag{5.1}$$

と表される．熱収支をこうした式で表すことの有用性は，上式の中で未知数が一つあっても間接的にその未知数を計算できるところにある．よく使われるのは，蒸発量 E を未知数とし，他の項目を測定して E 値を推定する方法で，蒸発量推定の熱収支法と呼ばれる．ところで，昼間，太陽に照らされているときは R_n が正の値であり，H, LE, G なども正の値だから，計算に困ることはないが，夜間，地表面冷却が起きているときには R_n が負の値となり，H, E, G も状況に応じて正にも負にも変わるので，その計算はやや煩雑になる．加えて，土中の熱伝導項 G も，実は正しい評価が意外と難しい項なので，以

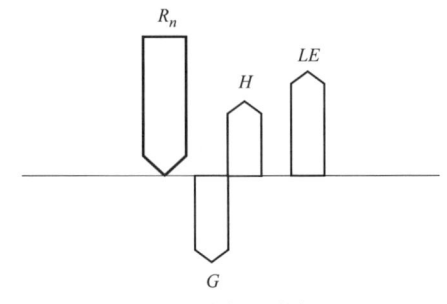

図5.3 地表面の熱収支

下にその説明をする．

5.3 土の中の熱伝導現象

物質の熱伝導現象は，その物質の熱伝導率と温度勾配を知ることによって，正確に把握することができる．すなわち，熱フラックス q_h （単位面積あたり，単位時間に流れる熱量，$W\,m^{-2}$）は，フーリエの式

$$q_h = -\lambda \frac{dT}{dx} \tag{5.2}$$

T：温度（K）

λ：熱伝導率（$Wm^{-1}K^{-1}$）

によって与えられる．dT/dx は温度勾配である．熱フラックス q_h を実感として捉えるには，衣服を考えてみるとよい．たとえ外気が著しく寒くてもセーターや衣服などを着用すれば人間の体から多くの熱が奪われないですむのは，温度勾配が大きくても素材の熱伝導率が小さく，熱フラックスを小さく抑えることができるからである．熱伝導率とは，単位厚さの物質の両面に1Kの温度差があるときの熱フラックスで定義される．そして，物質の温度勾配と熱フラックスを測定して式(5.2)を適用すれば，いろいろな物質の熱伝導率を求めることができる．

さて，土の中の熱伝導現象は，一般の物質における熱伝導現象と比較すると，少なくとも二つの点で大きな特徴がある．第一の特徴は，土が三相（固相，液相，気相）の混合物であり，それぞれの素材の熱伝導率が異なることである．すなわち，固相に多く含まれる石英ガラスは1.4，水は0.60（20℃），空気は0.0241 $W\,m^{-1}\,K^{-1}$ であり，著しく異なる．表5.1に，いろいろな物質の熱伝導率を参考のために掲げておく．熱伝導率は温度によっても異なるので，温度を指定したときの熱伝導率を記載してある．0〜80℃間では，水の熱伝導率 λ_w の温度依存性を，内挿式 $\lambda_w = 0.561 + 0.002T - 9 \times 10^{-6} T^2$ で近似することにする．ただし，この内挿式に限り，温度 T はセ氏温度である．

これら三相の混合物である土の熱伝導率は，それぞれの熱伝導率が異なる三相の体積比率で変化するので，水分量が増加して気相率が減少すれば，土の熱伝導率は上昇する．また，固相の熱伝導率も土により異なる．火山灰土のよう

表5.1 いろいろな物質の熱伝導率

物質	温度 (°C)	熱伝導率 (W m^{-1} K^{-1})
石英ガラス	0	1.4
ホタル石	0	10.3
ソーダガラス	常温	0.55〜0.75
ケイ素	0	168
アクリル	常温	0.17〜0.25
氷	0	2.2
水	0	0.561
水	80	0.673
空気	0	0.0241
水蒸気	0	0.0158
乾燥した土壌	常温	0.1〜0.3

なガラス質の多い土や，泥炭土のように有機物の多い土の固相の熱伝導率は小さく，一方，結晶化した石英や鉄化合物を多く含む土では大きい．そのため，固相の熱伝導率が小さく，しかも固相率の小さい黒ボク土や有機質土の熱伝導率は小さい．

図5.4は，三種類の土について，それぞれの熱伝導率の体積含水率依存性を示している．黒ボク土の固相率は他の土と比べて著しく小さく，熱伝導率の小

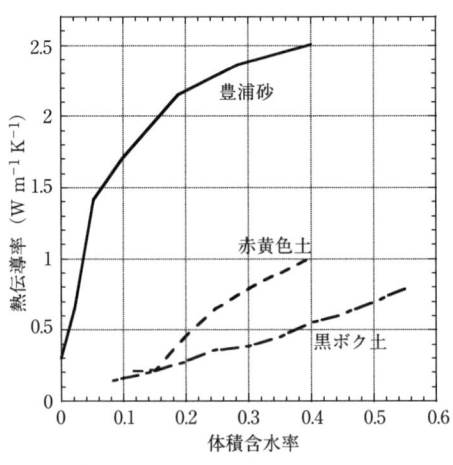

図5.4 土の熱伝導率の水分依存性

さい空気や水の体積含水率比率が高いので，土としての熱伝導率が小さいことがよくわかる．豊浦砂の熱伝導率は，乾燥しているときには著しく小さいが，体積含水率の増加に伴って急激に増加する．砂粒子の接点面積が小さいことと，その接点に水が集積して接触面積が増加すると熱伝導率が大きくなることによると考えられる．

　第二の特徴は，土の中の水や空気が移動することにより，顕熱および潜熱の輸送現象が発生することである．暖かい水や空気が土の低温部に運ばれ，周囲の温度を上昇させることを顕熱輸送という．たとえば，夏の日差しで暖められた土に，冷たい夕立が降れば，土にしみ込む水によって土は急激に冷やされるが，これは土から水への顕熱輸送によるものである．これに対し，水蒸気移動に伴う熱の輸送を潜熱輸送という．すなわち，土壌水分が間隙中で蒸発すると周囲から蒸発熱を奪い温度を低下させるし，水蒸気が凝縮すると周囲へ凝縮熱を与えて温度を上昇させるので，土の間隙中の水蒸気が移動するときは蒸発熱（潜熱）を運んでいるとみなすことができるのである．なお，水蒸気は顕熱輸送も行っている．ここで第二の特徴として述べた熱フラックスは，次式で表すことができる．

$$q_h = -\lambda \frac{dT}{dx} + c_l q_l (T - T_1) + c_v q_v (T - T_1) + L q_v \qquad (5.3)$$

q_h：熱フラックス（W m^{-2}）

c_l：水の比熱（J Mg^{-1} K^{-1}）

q_l：液状水フラックス（Mg m^{-2} s^{-1}）

c_v：水蒸気の比熱（J Mg^{-1} K^{-1}）

L：水の蒸発潜熱（J Mg^{-1}）

q_v：水蒸気フラックス（Mg m^{-2} s^{-1}）

T_1：基準温度（任意）（K）

式(5.3)で注意したいことは，液状水や水蒸気のフラックスを，単位時間単位断面積を通過する質量（Mg）で表したこと，また，仕事率W(ワット)＝J(ジュール)/s(秒) の換算を用いたことである．そして，この式の意味を項別に明らかにしておこう．右辺第1項は熱伝導項，第2項は液状水の顕熱輸送項，第3項は水蒸気の顕熱輸送項，第4項は水蒸気の潜熱輸送項である．

適度に湿った土に温度勾配があり，突然の降雨などがないとき，土の中の熱フラックスに最も影響を及ぼすのは，熱伝導と水蒸気の潜熱輸送である．このとき，式(5.3)は，

$$q_h = -\lambda \frac{dT}{dx} + Lq_v \tag{5.4}$$

と表すことになる．温度勾配が存在する土の中での水蒸気フラックス q_v は，主として温度勾配に比例することがわかっているので，

$$q_v = -D_{TV} \frac{dT}{dx} \tag{5.5}$$

D_{TV}：温度勾配による水蒸気拡散係数（$Mg\ m^{-1}\ s^{-1}\ K^{-1}$）

と表される．式(5.5)を式(5.4)に代入すると，

$$q_h = -\lambda \frac{dT}{dx} - LD_{TV} \frac{dT}{dx} \tag{5.6}$$

となるので，有効熱伝導率 λ_e（$W\ m^{-1}\ K^{-1}$）を

$$\lambda_e = \lambda + LD_{TV} \tag{5.7}$$

と定義すれば，水蒸気輸送を伴う熱伝導の式

$$q_h = -\lambda_e \frac{dT}{dx} \tag{5.8}$$

を得ることができ，この式を，見かけの熱伝導の式，と呼んでもよい．これにならって"有効熱伝導率"を"見かけの熱伝導率"と呼ぶ場合もある．通常，有効熱伝導率は，真の熱伝導率よりやや大きく（数%程度）なるといわれている．

水蒸気輸送を伴う熱伝導の特性を明らかにするために，最近，百瀬と粕渕(2002)により，興味深い研究が行われた．すなわち，湿った砂を低圧環境下（大気圧の約1/10）に置き，その砂の有効熱伝導率を測定したところ，7.95 $W\ m^{-1}\ K^{-1}$ という金属並みの大きな値を得た．この値は，乾燥した砂の熱伝導率が $0.3\ W\ m^{-1}\ K^{-1}$ 程度であることを考えれば，その20倍を越えるという驚くべき数字であることがわかる．減圧によって砂の有効熱伝導率が著しく増大した理由は，水蒸気の潜熱輸送によると説明された．すなわち，減圧によって酸素や窒素などの気体分子が減少し，土の間隙中に充満した水蒸気の平均自由行程が著しく大きくなり，その移動量が非常に多くなると共に，潜熱輸送量

も著しく増加したと考えられた．湿った土を減圧すると，水蒸気による潜熱輸送量が飛躍的に増加し，大きな有効熱伝導率を得られ，したがって大きな熱フラックスを獲得することもできるので，これはヒートパイプ（中空のパイプ内に蒸発・凝縮を起こすような媒体を詰め，パイプに沿った潜熱輸送を発生させることによって離れた場所に高速で熱を伝える装置）と呼ばれる技術への応用の可能性も示唆される新事実である．

5.4 比熱，熱容量，温度伝導度

　土の温度は，熱フラックスの大小だけでは決まらない．それは，熱フラックスと共に，土の体積熱容量によって決まる．土の密度と比熱の積，すなわち体積熱容量 C_v (J m^{-3} K^{-1}) は，

$$C_v = \rho_{\text{soil}} \times c_p \tag{5.9}$$

ρ_{soil}：土の湿潤密度（Mg m^{-3}）

c_p：土の定圧比熱（J Mg^{-1} K^{-1}）

であるが，C_v の値は土の体積含水率 θ によって変化するので，固相の C_v と水の C_v を加算し，

$$C_v = \rho_s \times c_s \times 固相率 + \rho_w \times c_w \times \theta \tag{5.10}$$

ρ_s：土粒子密度

c_s：土粒子比熱

ρ_w：水の密度

c_w：水の比熱

を用いて計算することになる．そこで，流入する熱フラックスが大きくても，体積熱容量が大きいために土の温度があまり上昇しないこともありうる．例えば，水分量の多い土は，乾燥した土より体積熱容量が大きいので，熱フラックスが同じであれば，温度は上昇しにくい．逆に，乾燥した土の温度は，体積熱容量が小さいので，熱フラックスが同じであれば上昇しやすい．土の温度が最も変化しやすいのは，熱伝導率が大きく，体積熱容量が小さい場合である．そこで，温度伝導度（熱拡散係数ともいう．m^2 s^{-1}）α を

$$\alpha = \frac{\lambda}{C_v} \tag{5.11}$$

表5.2 土の固相，液相，気相および複合体の熱物性値

物質名	密度 (Mg m^{-3})	比熱 (J Mg^{-1} K^{-1})	体積熱容量 (J m^{-3} K^{-1})	熱伝導率 (W m^{-1} K^{-1})	温度伝導度 (m^2 s^{-1})
固相（花崗岩）	2.6〜2.7	0.8×10^6	2.1〜2.2×10^6	2.5	1.1〜1.2×10^{-6}
水	1.0	4.18×10^6	4.18×10^6	0.561	0.13×10^{-6}
空気	0.0013	1.006×10^6	0.0013×10^6	0.0241	18.5×10^{-6}
乾燥した土				0.1〜0.2	5〜12×10^{-6}
やや湿った土				1.0〜2.0	35〜60×10^{-6}
飽和土				1.0〜2.0	25〜40×10^{-6}

W=J s^{-1}（ワットは仕事率）

と定義する．温度伝導度は，熱の伝わりやすさを示す指標ではなく，温度変化のしやすさを示す指標というべきである．

表5.2に，土の三相それぞれと，それらを複合した土自体の，代表的な密度，比熱，体積熱容量，熱伝導率，温度伝導度を示す．土の密度や比熱は土の種類，体積含水率などによって異なるので，一つの値で代表することはできないが，熱伝導率と温度伝導度のおよその値は，表5.2のように測定されている．やや湿った土より飽和土の温度伝導度が低いのは，水分の増加によって熱伝導率 λ はあまり増加しないが，体積熱容量 C_v は単調に増加するので，(5.11)式の右辺 λ/C_v の値が小さくなるからである．

演習問題

5.1 以下の記述において正しいものを選べ．
 ア．水分移動の影響がないとき，土の中の熱フラックスは，温度勾配と温度伝導度との積で与えられる．
 イ．土の熱伝導率は，体積含水率が大きいほど増加する．
 ウ．土の温度伝導度は，体積含水率が大きいほど増加するとは限らない．
 エ．シルト質埴土（SiC）のように固相率が大きい土では，水分量に関係なく熱伝導率が高い．
 オ．土の"見かけの熱伝導現象"には，固相・液相・気相物質中の熱伝導に加えて，水蒸気による潜熱輸送の寄与が大きい．

5.2 図5.4を見ると，体積含水率の増加と共に土の熱伝導率が大きくなるが，

その増加傾向には大きな違いが現れる．この理由を述べよ．
5.3 同じ厚さの物質 1，物質 2，物質 3 が，互いに密着して重なっており，それぞれの物質内の温度勾配の比が 0.2 対 1.5 対 1.0 であった．このとき，各物質の熱伝導率の比を求めよ．
5.4 土の中の熱伝導現象は，金属やプラスチック材などの固体物質における熱伝導現象と大きく異なる特徴がある．それはどのようなものであるか，説明せよ．

解　　答

5.1 イ，ウ，オ
(参考) ア：式(5.2)参照．ウ：土の体積熱容量 C_v も熱伝導率 λ も，共に体積含水率の増加に伴って増加するが，含水率がより高くなると熱伝導率の上昇傾向が弱まるのに対し，体積熱容量は単調に増加する．その結果，温度伝導度の定義式(5.11)により，高い含水率では温度伝導度がやや低下する傾向がある．エ：シルト質粘土でも，体積含水率が低ければ熱伝導率は小さい．

5.2 黒ボク土は他の土に比べて間隙率が著しく大きい（約 80 %）ので，その間隙を水で飽和したときにも，水の熱伝導率（20°Cで $0.60 \mathrm{\,W\,m^{-1}\,K^{-1}}$）をそれほど大きく超えることができない．これに比べ，砂や赤黄色土の間隙率は小さく，固相率が大きいので，固相の熱伝導率の寄与が大きく，体積含水率の増加によって熱伝導率がより大きくなる．

5.3 どの物質にも同じ $-\lambda \dfrac{\mathrm{d}T}{\mathrm{d}x}$ で表される熱フラックスがあるとすると，各物質の熱フラックスは

$$-\lambda_1 \left(\frac{\mathrm{d}T}{\mathrm{d}x}\right)_1 = -\lambda_2 \left(\frac{\mathrm{d}T}{\mathrm{d}x}\right)_2 = -\lambda_3 \left(\frac{\mathrm{d}T}{\mathrm{d}x}\right)_3$$

で表される．ただし，λ_1，λ_2，λ_3 は各物質の熱伝導率，$\left(\dfrac{\mathrm{d}T}{\mathrm{d}x}\right)_1$，$\left(\dfrac{\mathrm{d}T}{\mathrm{d}x}\right)_2$，$\left(\dfrac{\mathrm{d}T}{\mathrm{d}x}\right)_3$ は各物質内の温度勾配である．題意により

$$\left(\frac{\mathrm{d}T}{\mathrm{d}x}\right)_1 : \left(\frac{\mathrm{d}T}{\mathrm{d}x}\right)_2 : \left(\frac{\mathrm{d}T}{\mathrm{d}x}\right)_3 = 0.2 : 1.5 : 1.0$$

であるから，これを解けば

$$\lambda_1 : \lambda_2 : \lambda_3 = 15 : 2 : 3$$

を得る．

5.4 土は多孔質体で，固相，液相，気相の三相構造を持つので，固体中の熱伝導現象に加えて，液相中，気相中の顕熱輸送，潜熱輸送も寄与するところ．

6. 土の中のガス移動

　土の中の空気は，大気と比較してO_2（酸素）濃度が小さく，CO_2（二酸化炭素）濃度が大きい．土中でO_2濃度が低いのは，植物の根や土壌動物の呼吸，微生物による土中の有機物の分解などによってO_2が消費されるためである．その他，土中ではCH_4（メタン）やN_2O（亜酸化窒素）の濃度が高くなることもある．CO_2もCH_4もN_2Oも，温室効果ガスとして知られている．このように，土の中は大気中と異なるガス濃度が存在するので，常に大気との間でガス成分交換を生じ，それにつれて土の中でガス成分の移動現象も生じている．

　もう一つの特徴あるガス成分は，水蒸気である．土中の水蒸気は，土の気相中に存在し，間隙内の液状水と同一の水ポテンシャルを持ち相平衡の関係にある．しかし，間隙中の水蒸気が移動するときには，他のガス（CO_2やCH_4やN_2O）とは特徴的な違いを示す．

　本章では，地球環境問題と密接な関係を持つ，これら土中ガス成分の移動現象について学ぶ．

6.1 土の中のガス成分

　大気組成は，N_2（窒素）78％，O_2（酸素）21％，Ar（アルゴン）1％，CO_2 0.03％，水蒸気約0.3％，である．これに対し，土の中の空気は，N_2 75〜90％，O_2 2〜21％，Ar約1％，CO_2 0.1〜10％，水蒸気0.3％以上である．すなわち，土の中ではCO_2が多く，O_2が少ない．ただし，地表面近傍に限れば，大気-土間のガス交換があるので，これらの違いが緩和され，地表面に近づくほど土中のガス濃度は大気に近い濃度となる．このように土の中にガスの濃度勾配が存在すれば，その濃度勾配を打ち消すような方向に拡散移動を

生じる．また，耕起を行うと，強制的に大気と土の中のガスが交換されるので，耕起層内のガス組成は大気に近いことが多い．

汚染土壌や汚染地下水において，揮発性物質が含まれているときがあり，ここでは有害ガスが発生する．特に，揮発性有機塩素化合物であるトリクロロエチレンやテトラクロロエチレンは，気化した状態で土中の他のガスより重く，重力により下方に沈みこむ対流現象を起こすと考えられている．

土の中のガス成分を変化させる他の要因として，風がある．大気中で風が発生すると，大気が土へ侵入したり，土壌空気が大気へ吸い出されたりする．傾斜地に直接風がぶつかる地形では，大気が土中へ侵入するだろう．風下に位置する地表面であれば，わずかな真空圧が発生して土壌空気が大気中へ吸い出されるだろう．しかし，極端に土の間隙率が大きい場合や極端に風速が大きい場合を除くと，土壌空気組成への風の影響は小さい．

6.2 土の中のガス移流

土の中のガスは，移流と拡散によって移動する．移流を対流と言い表す場合もある．いま，簡単のために，重力の影響は無視できると仮定しよう．このとき，移流 (mass flow, advective flow, convective flow) は，気体の圧力勾配を駆動力とするフラックスの式，

$$q_{ad} = -\rho_{gas} \frac{k}{\eta_a} \frac{dP}{dx} \tag{6.1}$$

q_{ad}：ガスの移流フラックス($kg\,m^{-2}\,s^{-1}$)

ρ_{gas}：ガスの密度($kg\,m^{-3}$)

k：土の透過係数(permeability)(m^2)

η_a：ガスの粘性係数($Pa\,s$)

P：ガスの全圧(Pa)

x：距離(m)

で表される．式(6.1)のガスフラックス q_{ad} は質量フラックスの単位が与えられているが，体積フラックスの単位で表したいときもある．その場合は，q_{ad} をガス密度 ρ_{gas} で除した値 q_{ad}/ρ_{gas} を体積フラックス($m^3\,m^{-2}\,s^{-1}=m\,s^{-1}$)と定義すればよい．そうすれば，式(6.1)右辺から ρ_{gas} が消去される．式(6.1)

は，圧力勾配に比例してガスが土の間隙中を移動する式なので，気体に対するダルシー式と呼ぶこともある．係数 k/η_a は，水の浸透における飽和透水係数と形式的に同じ役割を持つので，これを土の通気係数（gas conductivity）ということもある．

次に，鉛直方向のガス移動においては，ガスに作用する重力を無視できない場合がある．たとえば，大気の状態を考える場合と同じように，土中でも大きな鉛直距離を問題とするとき，重力の影響を無視することができない．重力が関与する場合は，座標軸を鉛直上向きに z で表し，フラックスを

$$q_{ad} = -\rho_{gas}\frac{k}{\eta_a}\left(\frac{dP}{dz} + \rho_{gas}\, g\right) \quad (6.2)$$

g：重力加速度（$=9.80 \mathrm{~m~s^{-2}}$）

で与える．図 6.1 に，圧力勾配が上向きに，また重力が下向きに作用している場合の概念図を示した．図中，z 軸の原点は土の中の任意の深さとし，上向きに正とする．実線は深さ方向の圧力分布を示す．仮に，圧力勾配 dP/dz がガスを上向きに押し上げる方向に作用しても，ガスの密度 ρ_{gas} が大きければ，ガスは下降しようとするだろう．

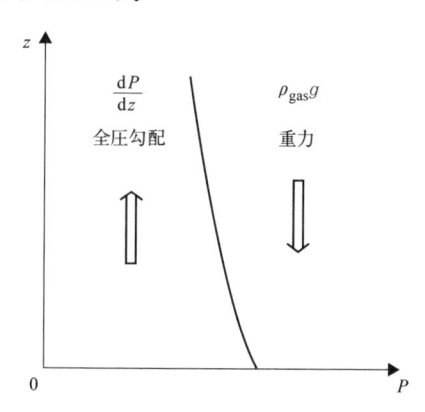

図 6.1 鉛直方向のガス移動の概念図

式(6.2)で，ガスが静止しているとき，q_{ad} はゼロなので，右辺のカッコ内がゼロ，すなわち

$$\frac{dP}{dz} = -\rho_{\text{gas}}\, g \tag{6.3}$$

となる．このガスに，理想気体の状態方程式を適用すると，式(6.3)を数学的に解いて，圧力分布を得ることができる（演習問題6.4参照）．

式(6.1)や(6.2)で表されるようなガスの移流現象は，自然界でいえば，たとえば気圧の変化，急激な降雨による土壌空気の圧縮，あるいは土の中で急激な排水が生じることによる土壌空気の減圧，などによって引き起こされる．近年，バイオベンティングと呼ばれる土壌浄化法が開発されているが，これは，土の内部に強制的に空気を送り込んで土壌微生物を活性化させ，汚染された土を浄化する技術であり，ここでは，人為的に圧力勾配が与えられる．SVE (Soil Vapor Extraction) は，逆に土中の空気を吸引回収する技術で，ここでも人為的な圧力勾配がかけられる．

次に，土の間隙が複数のガスで満たされていて，その中の一つのガス成分に着目する場合の移流現象を考えてみる．ただし，全圧勾配は無視できるほど小さく，$dP/dz=0$とする．そして，周囲の気体密度がρ_∞（たとえば大気密度）であって，その中で密度ρ_{gas}のガス成分だけが移流するものとする．このとき，移流フラックスの式は，

$$q_{\text{ad}} = -\rho_{\text{gas}} \frac{kg}{\eta_{\text{a}}} (\rho_{\text{gas}} - \rho_\infty) \tag{6.4}$$

で与えられる（ファルタ，1989）．たとえば，土中で空気中の揮発性有機塩素化合物の移流を求めたいときに，(6.4)式を適用する．この場合$\rho_{\text{gas}} > \rho_\infty$なので$q_{\text{ad}}$は負の値となり，下向きのフラックスが得られる．これを密度流ともいう．

6.3 土の中のガス拡散（水蒸気以外の場合）

拡散（diffusion）は，土の中に気体の濃度勾配が存在するときに生ずる移動であり，

$$q_{\text{dif}} = -D_{\text{dif,soil}} \frac{dC}{dx} \tag{6.5}$$

q_{dif}：ガスの拡散フラックス$(\text{kg m}^{-2}\,\text{s}^{-1})$

$D_{\text{dif,soil}}$：ガスの土中拡散係数$(\text{m}^2\,\text{s}^{-1})$

$$C：ガスの濃度(\mathrm{kg\,m^{-3}})$$

で表される．これは，フィックの拡散法則として知られている．土中のガスは，成分ごとに濃度分布しているので，ほとんど常に拡散移動が起きているといってよく，土中のガス移動といえば，拡散移動のことを意味する場合も少なくない．たとえば，土壌微生物が呼吸して多量の CO_2 を吐き出せば，直ちに式(6.5)にしたがって拡散移動が起き，土中で窒素肥料が変化して窒素ガスを発生させれば，これも拡散移動するからである．

気体中のガス拡散係数 $D_{\mathrm{dif,air}}$ と，土中のガス拡散係数 $D_{\mathrm{dif,soil}}$ とは以下のように異なる．まず，土中のガスは土の気相中しか移動できないので，気体中の通過可能断面積 1 に対し，土の中の通過可能断面積は気相率 a と等しい．次に，ガスが移動する気相の幾何学的構造は直線ではなく，曲がりくねっているので，道のりが長い．道のりに対する直線距離の比を屈曲度 ξ で表すと，両者の関係は

$$D_{\mathrm{dif,soil}} = a\xi D_{\mathrm{dif,air}} \qquad (6.6)$$

という比例関係で表される．気相率 a の値は，土の間隙率から体積含水率を差し引いた値であり，多くの場合 $0 \sim 0.60$ となる．また，屈曲度 ξ の値は近似的にはどの土でも約 0.66 と見積もられているが，正確な値は気相率によって異なる．図 6.2 に，4 種類の土について測定された相対拡散係数 $D_{\mathrm{dif,soil}}/D_{\mathrm{dif,air}}$ と気相率 a との関係を示す．この図から，相対ガス拡散係数と気相率との関係が土の種類によらずほぼ同一になるという，よく知られた特徴を読みとることができる．さらに，(6.6)式によれば，図 6.2 の各曲線の勾配が屈曲度 ξ を表すことになるが，その勾配の値はどの土でも $0.5 \sim 0.9$ の間にあり，また気相率 a の値によって変化していることがわかる．

6.4　土の中のガス拡散（水蒸気の場合）

水蒸気拡散も(6.5)式で表すことができるが，その拡散係数を(6.6)式で定義できないことがある．実験的に知られていることは，主として温度勾配下の不飽和土中で生ずる水蒸気拡散移動量が，(6.5)式と(6.6)式で予測される量より数倍多いという事実である．多くの実験反復と理論的研究を経て到達した考え方は，液島（liquid island）モデルに代表される．すなわち，図 6.3 に示した

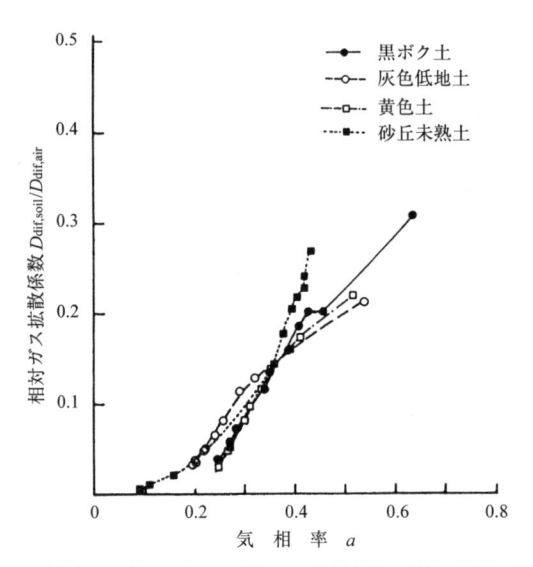

図6.2 各種類型土壌の気相率と相対ガス拡散係数の関係（遅沢1998）

ように，温度勾配下の水蒸気拡散移動量は，以下の二つの要因によって多くなるのである．

第一要因は，第5章で明らかにした，土の三相における熱伝導率の違いによる．液体，固体，気体の熱伝導率と熱容量が異なるので，土に温度勾配が存在する場合，その平均温度勾配に比べて，土の気相中の温度勾配が相対的に大きくなる．したがって，温度勾配により気相中を拡散移動する水蒸気は，平均温度勾配から予測される量より当然多くなるであろう．このことによる水蒸気拡散移動量の増加を η で表せば，

$$\eta = \left(\frac{\partial T}{\partial x}\right)_{\text{air}} / \left(\frac{\partial T}{\partial x}\right)_{\text{average}} \tag{6.7}$$

$\left(\dfrac{\partial T}{\partial x}\right)_{\text{air}}$ ：気相中の温度勾配

$\left(\dfrac{\partial T}{\partial x}\right)_{\text{average}}$ ：土の平均温度勾配

である．このモデルの発案者フィリップとド・フリースによれば，η の値は1.3から3.0まで変動し，水蒸気拡散移動量を増加させる．このメカニズムは，水蒸気以外の他のガスでも共通と考えられるが，今日まで，水蒸気以外の

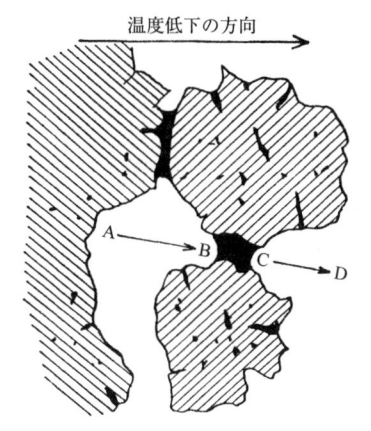

図6.3 温度勾配下の水蒸気拡散移動（八幡1975）

ガスで検討された例が見当たらない．

第二要因は，水蒸気の場合，土の中の通過可能断面積は気相率 a ではなく，間隙率 $n(=$気相率 $a+$ 体積含水率 $\theta)$ となることである．すなわち，水蒸気移動にとって，液状水は通過不可能な障害物ではなく，常に気液界面で蒸発・凝縮を繰り返すことができ，それは移動現象と同等とみなすことができる．図6.3はこのプロセスを誇張して描いた液島モデルであり，図中のBC間に存在する液状水を，水蒸気が通過できることを表している．このことによる水蒸気拡散移動量の増加は n/a で表される．

水蒸気の拡散移動の扱い方は，等温条件下であれば他のガス拡散移動とほぼ同一であり，前述の第二要因のみを考慮すればよい．しかし，温度勾配下での拡散移動では第一要因が加わることにより数学的扱い方はより複雑になるので，本書の範囲を越える．関心を持つ読者は，たとえば環境地水学（2000年，宮崎）を参照されたい．

6.5 フィールドで見られる CO_2 ガスの挙動

ここで，実際のフィールドで測定された土の中の CO_2 の分布と挙動を示そう．図6.4(a)は，九州の田畑輪換利用水田で10月に測定した分布（藤川ら2000），(b)は，各地から収集した土をライシメータ（所定のサイズで設計した容器であり，中に土を詰めてフィールドに埋め戻し，容器外部の自然界で生

84　6. 土の中のガス移動

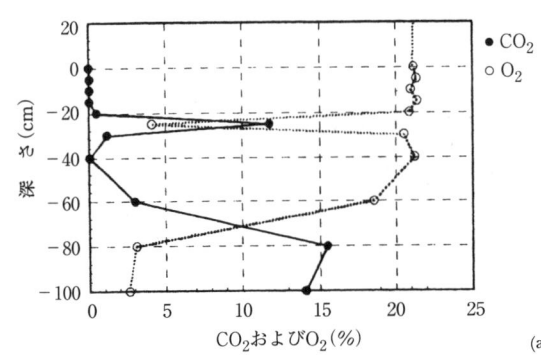

(a) 九州の田畑輪換利用水田, 10月

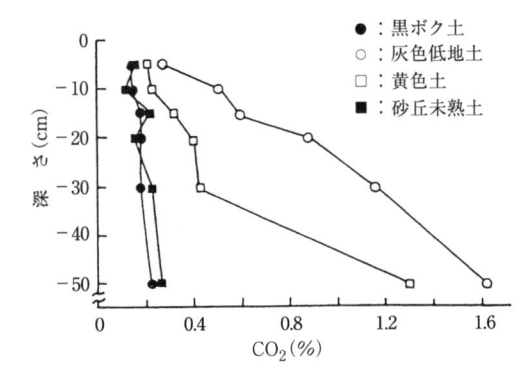

(b) 各地から収集した土をライシメータに充填して数年経た後に測定

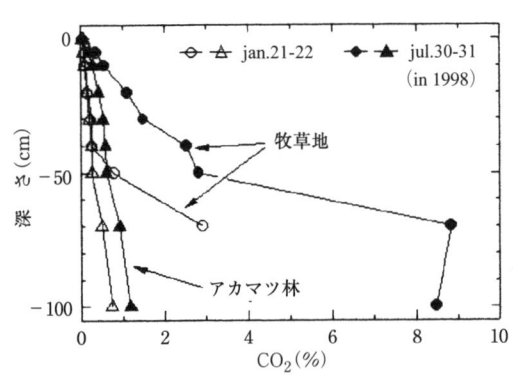

(c) 筑波大学観測圃場

図 6.4　土の気相中の CO_2 濃度の分布

ずる諸現象を同時進行的に観測する装置）に充填して数年経た後に測定した分布（遅沢 1998），(c) は，筑波大学観測圃場の牧草地で測定した分布（濱田ら 2003）である．一般に，土の中の CO_2 濃度は 0.1〜10％といわれているが，条件によって著しく異なることがわかる．

図 6.4(a) で，深さ 25 cm 付近と深さ 80 cm 以深で 10％を越える CO_2 濃度となっている．同じ採取ガスの O_2 濃度の増減が CO_2 濃度分布とよく対応している．このような CO_2 分布が現れたのは，この農地では水田利用が終了した後地域で生産された完熟堆肥や籾殻などを圃場に投入し，その後 11 月にレタス栽培を開始するという輪作体系を取り入れているため，深部にまで意識的に有機物を混入していることが原因と考えられる．なお，ここの土性は砂質壌土（SL）ないし壌土（L）と分類される（第 1 章参照）．(b) では 4 種類の土が人為的に充填されているが，特に有機物を投入していないため，深部でも CO_2 濃度がそれほど高くならなかったと考えられる．特に，黒ボク土と砂丘未熟土の CO_2 濃度が低いが，これはガス拡散係数が大きく，土の中の CO_2 濃度が高くなっても，速やかに大気とガス交換できるからであろう．(c) では，深さ 100 cm までの CO_2 濃度プロフィルが示されており，アカマツ林の土では最大 1％程度の濃度に止まった．しかし，牧草地の深土は 9.0％近くにまで上昇している．これは，1988 年に地力の回復を目的として土の天地返しと牧草の再播種を行い，深土の有機物含有量を高めたことによると考えられている．

一般に，土中の CO_2 ガス濃度は高くても 1％程度のことが多いが，ここで示した例のように，積極的に有機物を混入した農地や，落葉森林土のように，もともと有機物が豊富に供給される条件下においては，炭素資源が豊富となるため，CO_2 濃度が高くなる傾向がある．

6.6　微生物による土中の CO_2 ガス発生と拡散現象

土中の好気性微生物は，呼吸によって土中の O_2 を消費し，また土中の有機物を栄養源（基質という）としてこれを分解する．この結果，土中では多量の CO_2 が発生し，発生したガスは濃度勾配に比例して拡散する．もちろんこのような状況は，好気的な環境下で生ずるものであり，もし土が嫌気的な環境下にあれば，CH_4（メタン）生成菌が土中の有機物を分解し，CH_4 を発生するこ

ともある．ふつうに湿った土ではCO_2の発生が支配的であるが，湛水した水田や沼地のように，長期的に大気と遮断されて土の環境が嫌気的な場合は，有機物分解の最終産物がCH_4となる．

ここでは，好気的な条件下でCO_2が発生する場合を考えてみよう．いま，図6.4(a)の深さ25 cmの近傍を拡大抽出して図6.5(a)のように表す．

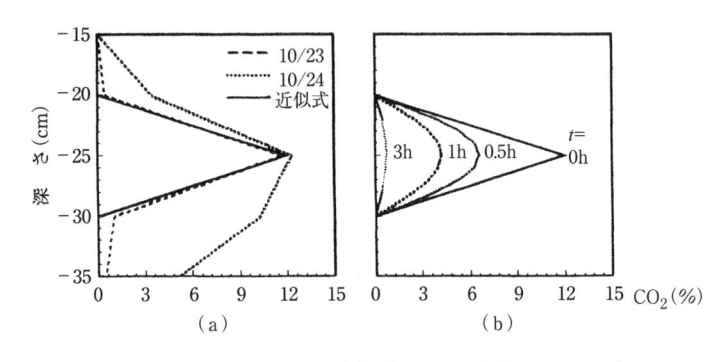

図6.5 図6.4(a)の深さ25 cm近傍

この深さは，水田の耕盤層が存在する深さに一致する．このような鋭い濃度ピークは，大きなCO_2濃度勾配を生み出すので，拡散の法則によって濃度勾配を打ち消すようなガスフラックスを生ずるはずである．そこで，10月23日にCO_2濃度分布を測定した後，24時間後にもう一度同じ深さでCO_2濃度を測定した結果を点線で，それらを関数近似したものを実線で示している．一方，式(6.5)を適用し，別に測定したガス拡散係数$D_{dif,soil}$を用い，第7章で学ぶ拡散の基礎方程式の理論解を求めて，時間の進行に伴うCO_2濃度変化を予測して図6.7(b)に示す．理論解ではおよそ3時間で，この鋭いピークは消滅するはずであった．しかし，実測値は，24時間後も同じ高さのピークを維持していた．ここから，次の推測が可能となる．すなわち，深さ22 cm付近では微生物によるCO_2発生量が特に多く，拡散移動した量を十分補充するのでピークが低下しないのであろう．

6.7 その他のガス移動

土の中のガス移動の研究は，これまでに学んできた水移動，溶質移動，熱移

動に比較して，研究蓄積が少ない．還元条件下で生ずる CH_4 の拡散，密度の大きい揮発性ガスであるトリクロロエチレンやテトラクロロエチレンの移流，N_2 の移動など，多くの研究課題が残されている．これらの研究を進めるには，物理的な移動法則を見極めることと，複雑な微生物活動の関与を確定すること，さらに加えて化学変化の寄与を勘案することも必要とされる．今後の発展が期待される所以である．

演習問題

6.1 以下の記述において正しいものを選べ．
　ア．土の中の空気は，大気と比べて O_2 が多い．
　イ．揮発性ガスとは，空気より軽いガスのことである．
　ウ．土の中のガスは，フィックの拡散法則以外の作用でも移動できる．
　エ．土の中のガスは，全圧が一定でも移動することがある．
　オ．自然土中では，CO_2 が 10％近くまで増加することが多い．
6.2 土中のガスは濃度勾配に比例して拡散移動する．大気中に比べて土壌間隙中のガス拡散移動量のほうが小さくなる理由を述べよ．
6.3 温度勾配下の不飽和土中では，他のガスに比べて水蒸気の拡散移動量が多くなる傾向があるという．その理由を述べよ．
6.4 式(6.3)に理想気体の状態方程式を代入し，これを解いて P を z の関数で表せ．
6.5 土の中のガス挙動を研究することは，地球の温暖化問題と深い関連があるといわれている．これは何を意味すると考えられるか．

解　　答

6.1　ウ，エ
　　(参考) オ：鉱質土壌からなる自然土中の CO_2 濃度が 10％近くまで上昇する測定例は，これまでのところ報告されていない．しかし，人為的に有機物を加えた土や，有機物が極めて多い土などでは，土の中の CO_2 濃度は相当高くまで（10％かそれ以上）上昇するようである．
6.2　ガスは気相のみを移動できるので，固相率や体積含水率が高いと気相率が低下し，拡散移動量が減少する．また，間隙は屈曲しているので，ガスの

移動距離が長くなり，結果的に拡散移動量が減少する．

6.3 間隙中の液状水は水蒸気移動の障害とはならないので，通過可能断面積が気相率 a でなく，間隙率 n で与えられることと，気相中の温度勾配が土の平均温度勾配より大きいため．

6.4 理想気体の状態方程式は

$$\rho_{\text{gas}} = \frac{PM}{RT}$$

　　P：圧力，M：ガスの分子量，R：気体定数，T：温度

で与えられる．これを式(6.3)に代入すると，

$$\frac{dP}{dz} = -\frac{PMg}{RT}$$

となる．$z=0$ のときの P 値を P_0，$z=z$ のときの P 値を P とおくと，上式の積分は，

$$\int_{P_0}^{P} \frac{dP}{P} = -\frac{Mg}{RT} \int_0^z dz$$

となる．積分を実行すると

$$P = P_0 \exp\left(-\frac{Mg}{RT} z\right)$$

を得る．この解は，重力作用のもとで土中のガスが静止しているとき，高さによってガスの圧力が異なることを意味し，別名，気圧の公式とも呼ばれる．

6.5 温室効果ガスといわれているガスの種類の多くが，土中の微生物作用で発生していることをいう．CH_4，CO_2，N_2O など．

7. 土の中の移動現象を表す基礎方程式

　これまで，本書では土の中の水移動，溶質移動，熱移動，ガス移動の原理を解説してきた．各章で，移動量をフラックスで表し，そのフラックスが移動係数（透水係数，溶質分散係数，熱伝導率，ガス拡散係数など）と駆動力（ポテンシャル勾配，溶質濃度勾配，温度勾配，ガス濃度勾配など）の積で表されることを，具体例を示しつつ述べた．

　本章では一歩を進め，これらの移動式から移動現象の基礎方程式と呼ばれる式を導き出す．移動式は現象の本質を理解するのに役立つが，さらに基礎方程式を立てると，現象の予測が可能となるところが大切である．本書は，土壌物理学の基礎を理解するために，できるだけ単純な形式で問題を記述したいので，座標系は一次元で表し，距離は主として x を用いる．ただし，重力が関係して鉛直方向に座標系をとる必要があるときに限り，距離 z を用いる．

7.1　連続の式

　はじめに，物理量一般についてのフラックスを q で表し，断面積が 1 で厚さが Δx という微小領域をフラックスが通過するときの，物理量保存則を考える．図 7.1 は，左から右へフラックスが通過している単純な状態を表し，流入フラックスを q_{in}，流出フラックスを q_{out} と書いて区別する．

　位置 x における流入フラックスを $q_{\text{in}} = q_x$ と書くと，位置 $x+\Delta x$ に流出フラックス $q_{\text{out}} = q_{x+\Delta x}$ が現れる．そこで，$q_{x+\Delta x}$ をテイラー展開すると，

$$q_{x+\Delta x} = q_x + \frac{\partial q_x}{\partial x}\Delta x + O(\Delta x^2) \qquad (7.1)$$

となる．$O(\Delta x^2)$ は 2 次以上の剰余項である．一般に，Δx が限りなく小さいとき，$O(\Delta x^2)$ はゼロに収束する．

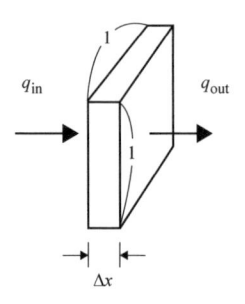

90　7. 土の中の移動現象を表す基礎方程式

図 7.1　微小領域におけるフラックスの通過

　さて，フラックスは水であったり熱であったりと，対象が異なるので，一般に物理量 u としておく．厚さ Δx の微小領域内における物理量 u の貯留量変化率は，領域体積 $\Delta x \times 1 \times 1$ を用いて

$$\frac{\partial u}{\partial t}\Delta x$$

と表され，この値が $q_{\text{in}} - q_{\text{out}}$ に，すなわち $q_x - q_{x+\Delta x}$ に等しければ，物理量は保存則を満たすことになる．式 (7.1) において剰余項を無視すれば，移項して

$$q_x - q_{x+\Delta x} = -\frac{\partial q_x}{\partial x}\Delta x$$

であるから，左辺に貯留量の変化率，右辺に流入流出量の差を記述して

$$\frac{\partial u}{\partial t}\Delta x = -\frac{\partial q_x}{\partial x}\Delta x$$

を得る．さらに，両辺を整理すれば

$$\frac{\partial u}{\partial t} = -\frac{\partial q_x}{\partial x} \tag{7.2}$$

という，最も一般的な連続の式が求まる．通常，物理量 u とそれに対応するフラックス q_x を指定すれば，その現象の基礎方程式を得ることができる．以下に，本書が扱っている現象の基礎方程式を導こう．前述したように一次元の距離を x で表すが，鉛直方向の距離は z を用いる．

7.2　飽和浸透流の基礎方程式

　物理量 u として，単位体積中の水分量，すなわち土の体積含水率 θ を選び，距離は鉛直一次元方向として z で表す．また，飽和浸透流のフラックス式は

(3.8)式を

$$q = -k_s \frac{\partial H}{\partial z} = -k_s\left(\frac{\partial h}{\partial z} + 1\right) \tag{7.3}$$

k_s：飽和透水係数

と書き直す．微分記号を d から ∂ に変えたのは，変数である全ポテンシャル H や圧力ポテンシャル h が位置 z と時間 t の関数であるため，偏微分の形式で表す必要があるからである．式(7.3)を，式(7.2)の x を z に置き換えたものに代入し，飽和透水係数が一定であるとすると

$$\frac{\partial \theta}{\partial t} = k_s \frac{\partial^2 H}{\partial z^2} \tag{7.4}$$

となる．定常状態，すなわち，θ や h が時間によって変化しない飽和浸透流では，体積含水率は常に一定なので，式(7.4)の左辺はゼロ，したがって式(7.4)は時間によらない，

$$\frac{d^2 H}{dz^2} = 0 \tag{7.5}$$

という，ラプラスの方程式に帰着する（ただし，水を非圧縮性流体とみなした）．基礎方程式(7.5)は解くことができ，

$$H = az + b \tag{7.6}$$

a, b：境界条件によって決まる定数

という線形解を得る．均一な土中の定常飽和浸透流の全ポテンシャル分布が線形になるのはこのためである．

7.3 不飽和浸透流の基礎方程式（リチャーズ方程式）

物理量 u は，やはり土壌中の体積含水率 θ を選ぶ．不飽和浸透流のフラックスは，(3.18)式を

$$q = -k(\phi_m)\left(\frac{\partial \phi_m}{\partial z} + 1\right) \tag{7.7}$$

と書き直す．式(7.7)を，連続の式(7.2)に代入すると，

$$\frac{\partial \theta}{\partial t} = \frac{\partial}{\partial z}\left\{k(\phi_m)\left(\frac{\partial \phi_m}{\partial z} + 1\right)\right\} \tag{7.8}$$

という，リチャーズ方程式と呼ばれる基礎方程式を得る．ここでも，距離は x

ではなく z 方向で表した．この式は，非線形偏微分方程式であり，偏微分方程式の中でも特に解きにくい式として知られている．

不飽和浸透流の基礎方程式も，定常状態であれば，比較的単純に解ける．いま，式(7.8)において，体積含水率 θ が時間的に変化しない場合を考えてみる．すると，式(7.8)の左辺はゼロとなり，これは，(7.7)式の値が一定値であることを意味するので，式(7.7)の左辺に，既知の q の値を代入して積分すれば，

$$\int_0^z dz = -\int_{\phi_m(0)}^{\phi_m(z)} \frac{k(\phi_m)}{q + k(\phi_m)} d(\phi_m) \tag{7.9}$$

$\phi_m(0)$：$z=0$ におけるマトリックポテンシャル

$\phi_m(z)$：$z=z$ におけるマトリックポテンシャル

という積分可能な式を導くことができる．実際，定常浸透流をこの積分式から解いた研究例は多いので，第9章にその一例を示した．

7.4 溶質移動の基礎方程式（移流・分散方程式）

物理量 u として土中の溶液濃度 C を選ぶ．式(7.2)における物理量フラックス q_x としては，溶質フラックス q_s を選び，(4.10)式を

$$q_s = -D_s \frac{\partial C}{\partial x} + q_w C \tag{7.10}$$

と書き直す（記号 d が ∂ に変わったところに注意）．ところで，図7.1の微小領域内の溶質量 $\Delta x u$ は $\Delta x \theta C$ で表される．なぜなら，溶液濃度は単位体積溶媒中の溶質量を表しているので，土の体積（$1 \times 1 \times \Delta x$）中の体積含水率が θ であれば，この θ 中に含まれる溶質量は，$\Delta x \theta C$ に等しいからである．そこで，連続の式における物理量 u を単位体積土中の溶質量 θC に置き換える．そして，式(7.10)を連続の式(7.2)に代入することにより，

$$\frac{\partial \theta C}{\partial t} = \frac{\partial}{\partial x}\left(D_s \frac{\partial C}{\partial x} - q_w C\right) \tag{7.11}$$

という基礎方程式を得る．これを移流・分散方程式と呼ぶ．簡単のために，溶質分散係数 D_s と水フラックス q_w をどちらも位置によらない定数と仮定し，式(7.11)のカッコをはずせば，

$$\frac{\partial \theta C}{\partial t} = D_s \frac{\partial^2 C}{\partial x^2} - q_w \frac{\partial C}{\partial x} \tag{7.12}$$

7.4 溶質移動の基礎方程式（移流・分散方程式）

という式を得るが，これを移流・分散方程式として扱う場合も多い．

吸着・脱着が関係する現象では，(7.11)式や(7.12)式では不十分である．すなわち，溶質移動の場合は図7.1の微小距離 Δx の間に，溶質が固相に吸着されたり，固相に吸着されている溶質が溶液中に溶け出すこともあるので，これを湧出し吸込み項（sink or source）として R_s で表す．このとき，移流・分散方程式は

$$\frac{\partial \theta C}{\partial t} = \frac{\partial}{\partial x}\left(D_s \frac{\partial C}{\partial x} - q_w C\right) + R_s \qquad (7.13)$$

となる．溶質移動は土中の液相側から定義するので，液相から固相へ吸着するときは液相にとって"吸込み"現象となるため，R_s は負となる．溶質成分が植物の根に吸収される場合にも，文字通り"吸込み"が起こり，R_s は負となる．逆の現象は"湧出し"であるから R_s は正となる．吸着濃度 S を，単位乾土質量あたりの吸着物質量で定義し（第4章参照），ρ_b を土の乾燥密度とすると，

$$R_s = -\rho_b \frac{\partial S}{\partial t} \qquad (7.14)$$

となる．つまり，吸着濃度 S が時間と共に増加すれば，溶質は吸込まれたことになり，R_s は負となる．湧出し吸込み項 R_s の単位は，吸着濃度 S の単位に依存する．たとえば S の単位を第4章で例示したように mg kg^{-1} で表す場合，R_s の単位は mg m^{-3} s^{-1} である．さて，式(7.14)を式(7.13)に代入すると

$$\frac{\partial \theta C}{\partial t} = \frac{\partial}{\partial x}\left(D_s \frac{\partial C}{\partial x} - q_w C\right) - \rho_b \frac{\partial S}{\partial t} \qquad (7.15)$$

となる．時間項を左辺に集め，さらに両辺を θ で割ると，

$$\frac{\partial C}{\partial t} + \frac{\rho_b}{\theta}\frac{\partial S}{\partial t} = \frac{\partial}{\partial x}\left(\frac{D_s}{\theta}\frac{\partial C}{\partial x} - \frac{q_w}{\theta}C\right) \qquad (7.16)$$

さらに，第4章で定義した(4.12)式

$$S = K_d C$$

を用いて左辺を整理すれば，

$$\left(1 + \frac{\rho_b}{\theta}K_d\right)\frac{\partial C}{\partial t} = D_e \frac{\partial^2 C}{\partial x^2} - \bar{u}\frac{\partial C}{\partial x} \qquad (7.17)$$

を得る．ただし，式中の文字数を減らすため，溶質分散係数 D_s を次式で D_e

に置き換えた．

$$D_e = \frac{D_s}{\theta}$$

また，水フラックス q_w を次式で平均間隙流速 $\bar{u}$

$$\bar{u} = \frac{q_w}{\theta}$$

に置き換え，D_e と $\bar{u}$ はどちらも位置によらず一定とした．

分配係数 K_d が大きいということは，吸着が盛んに起こることを意味する．このとき，溶液のブレークスルーカーブには必ず遅れを生ずる（図4.8の曲線3参照）ので，左辺の係数を遅延係数 R と呼び，

$$R = 1 + \frac{\rho_b}{\theta} K_d \tag{7.18}$$

で定義する．これを用いた式

$$R\frac{\partial C}{\partial t} = D_e \frac{\partial^2 C}{\partial x^2} - \bar{u}\frac{\partial C}{\partial x} \tag{7.19}$$

を吸着・離脱を伴う移流・分散方程式という．この方程式を解く手順については，より高度な土壌物理学の教科書を参照されたい．なかでも *Soil Physics*（第6版，2004年，ジュリーら）が参考になる．

7.5 熱移動の基礎方程式

物理量 u として温度 T を選びたい．しかし，熱フラックスでもたらされるのは温度ではなく熱量である．そして土の温度が $\varDelta T$ 変化したときの熱量変化量は，体積熱容量 C_v との積 $C_v \varDelta T$ であるから，物理量 u を $C_v T$ に置き換える．一方，式(7.2)におけるフラックス q_x としては，熱フラックス q_h を選び，(5.2)式を

$$q_h = -\lambda \frac{\partial T}{\partial x} \tag{7.20}$$

と書き直す．式(7.20)を連続の式(7.2)に代入することにより，

$$C_v \frac{\partial T}{\partial t} = \lambda \frac{\partial^2 T}{\partial x^2} \tag{7.21}$$

という基礎方程式を得る．これを熱伝導方程式と呼ぶ．

この熱伝導方程式は，歴史的に多くの場面で解かれてきたが，ここでも展型

的な例を示そう．鉛直 z 方向に半無限の土，すなわち土の表面以下は下方へ無限に広がっている場合について考えてみる．まず，地表面温度は1日を周期として毎日同じような振動を繰り返していると仮定する．このとき，$z=0$ における境界条件（表面温度）を，周期変動を表す次式で与える．

$$T(0, t) = T_0 + A(0)\sin \omega t \tag{7.22}$$

$T(0, t)$：時間 t における地表面温度
T_0：地表から無限深さまで全体の平均温度
$A(0)$：表面温度の振幅（最大温度と最小温度の差）
ω：角振動数 $[\mathrm{T}^{-1}]$

角振動数 ω は，2π を振動周期（温度変動は1日周期とみなせる）で除した値として得られる．さて，境界条件を(7.22)式で与えたとき，(7.21)式の解析解は，距離 x を深さ z に置き換えて，

$$T(z, t) = T_0 + A(0)\exp\left(-\frac{z}{z_d}\right)\sin\left(\omega t - \frac{z}{z_d}\right) \tag{7.23}$$

$T(z, t)$：深さ z，時間 t における土の温度
z_d：damping depth（制動深さ）

である．この解析解は，天下り的に，証明済みの解として受け入れることにする．damping depth（z_d）は，地表面温度の振幅に比して振幅が $1/e$ 倍（0.368倍）になる深さと定義され，次式で与えられる．

$$z_d = \left(\frac{2\alpha}{\omega}\right)^{0.5} \tag{7.24}$$

$\alpha = \dfrac{\lambda}{C_v}$：温度伝導度（熱拡散係数，第5章参照）

ここで，求められた解析解の物理的意味を吟味してみよう．解(7.23)は，全体としてみれば，ある時間 t と深さ z における温度が，T_0 を中心として毎日周期的に振動していることを表している．ここで，解(7.23)の右辺第2項のみに着目すると，$A(0)$ は深さ $z=0$ における温度振幅，$A(0)\exp(-z/z_d)$ は深さ $z=z$ における温度振幅を表しているので，土中では，z が増すほど温度振幅が指数的に小さくなることがわかる．試みに数値を代入してみよう．$A(0)\exp(-z/z_d)$ において $z=3z_d$ を代入して計算すると，この項の値は $A(0)$ の e^{-3} 倍（≒1/20倍）となる．言い換えれば，z_d の3倍の深さ z における土の中では，

温度振幅が地表面の20分の1程度になる．ふつう z_d は 10 cm 前後なので，土の表面の温度振幅が1日で20°Cだとすると，30 cm の深さでは振幅は1°Cとなることがわかる．また，解(7.23)に戻り，右辺第2項に含まれる項 $\sin(\omega t - z/z_d)$ の物理的意味を吟味すると，地表面 $z=0$ における温度振動に対し，深さ z における温度振動が時間遅れを示すことを表している．

　土中の熱伝導と一般的な物質中の熱伝導との際立った相違は，土中では液状水や水蒸気が熱を輸送することであった．そこで，液状水の顕熱輸送や水蒸気の顕熱輸送があるとき，熱フラックスを表す(5.3)式を

$$q_h = -\lambda \frac{\partial T}{\partial x} + c_l q_l (T - T_1) + c_v q_v (T - T_1) + L q_v \qquad (7.25)$$

と書き直す．式(7.25)を連続の式(7.2)に代入することにより，土中の熱移動に関する，より一般的な熱伝導方程式である次式を得る．

$$C_v \frac{\partial T}{\partial t} = \frac{\partial}{\partial x}\left(\lambda \frac{\partial T}{\partial x} - L q_v\right) - (c_l q_l + c_v q_v)\frac{\partial T}{\partial x} \qquad (7.26)$$

を得る．右辺には四つの項があり，それぞれが土の温度変化に寄与している．右辺の第三項，第四項は，いずれも顕熱輸送を表す項であり，暖かい液体や水蒸気が低温部に移動する際に輸送する熱量を表している．右辺第二項は水蒸気の潜熱輸送量を表していて，もし，水蒸気フラックス q_v が x 方向に変化しなければ，この項はゼロとなる．水蒸気フラックス q_v が相変化（蒸発または凝縮）によって変化するとき，相変化速度 I は

$$\rho_w I = -\rho_w \frac{\partial \theta}{\partial t} = \frac{\partial q_v}{\partial x} \qquad (7.27)$$

ρ_w：水の密度

であるから，式(7.26)は

$$C_v \frac{\partial T}{\partial t} = \frac{\partial}{\partial x}\left(\lambda \frac{\partial T}{\partial x}\right) - (c_l q_l + c_v q_v)\frac{\partial T}{\partial x} - L \rho_w I \qquad (7.28)$$

と書き直すこともできる．なお，相変化速度を与える式(7.27)は，水蒸気のみに着目したときの連続式(7.2)を質量ベースで記載したものに他ならない．

7.6 ガス拡散の基礎方程式

物理量 u としてガスの濃度 C を選び，式(7.2)におけるフラックス q_x としては，拡散によるガスフラックス q_{dif} を選び，(6.5)式を

$$q_{\mathrm{dif}} = -D_{\mathrm{dif,soil}}\frac{\partial C}{\partial x} \tag{7.29}$$

と書き直す．式(7.29)を連続の式(7.2)に代入することにより，

$$\frac{\partial aC}{\partial t} = D_{\mathrm{dif,soil}}\frac{\partial^2 C}{\partial x^2} \tag{7.30}$$

という基礎方程式を得る．これを拡散方程式と呼ぶ．間隙中では，第6章で論じたように，微生物による O_2 ガスの消費や CO_2 ガス発生，メタンガスの発生，発生した CO_2 ガスの液相中への溶解，など，(7.30)式では表しえない増加，減少過程が出現する．このような場合には，溶質移動の基礎方程式と同様に，湧出し吸込み項 R_s を加えた一般式を用いる必要性が出てくる．

(7.30)で表されるような拡散方程式は，熱伝導方程式(7.21)とまったく同一の形式にまとめることができ，したがって解法も共通である．これらの基礎方程式は，必用な境界条件，初期条件を与えることで解析的に解くことができ，その集大成が *Conduction of Heat in Solids*（初版1946年，第2版1959年，カースロー，イェーガー）および *The Mathematics of Diffusion*（初版1956年，第2版1975年，クランク）という2冊の歴史的名著に収められ，現在もペーパーバック版が市販されている．是非一度手にとって読んでもらいたい．

また，本章で扱うような偏微分方程式をより深く学びたい場合は，大学院生向けに書かれた『偏微分方程式』(1983年，ファーロウ) などがある．

表7.1 土の中の移動現象の基礎方程式

移動現象	物理量 u	フラックス q	連続の式	本文中の式
飽和浸透流	体積含水率 θ	$-k_s\left(\dfrac{\partial h}{\partial z}+1\right)$	$\dfrac{\partial \theta}{\partial t}=k_s\dfrac{\partial^2 H}{\partial z^2}$	(7.4)
不飽和浸透流	体積含水率 θ	$-k(\phi_m)\left(\dfrac{\partial \phi_m}{\partial z}+1\right)$	$\dfrac{\partial \theta}{\partial t}=\dfrac{\partial}{\partial z}\left\{k(\phi_m)\left(\dfrac{\partial \phi_m}{\partial z}+1\right)\right\}$	(7.8)
溶質移動	溶液濃度 C	$-D_s\dfrac{\partial C}{\partial x}+q_w C$	$R\dfrac{\partial C}{\partial t}=D_e\dfrac{\partial^2 C}{\partial x^2}-\bar{u}\dfrac{\partial C}{\partial x}$	(7.19)
熱移動	熱量 $C_v T$	$-\lambda\dfrac{\partial T}{\partial x}$	$C_v\dfrac{\partial T}{\partial t}=\lambda\dfrac{\partial^2 T}{\partial x^2}$	(7.21)
ガス移動(拡散)	ガス濃度 C	$-D_{\mathrm{dif,soil}}\dfrac{\partial C}{\partial x}$	$\dfrac{\partial aC}{\partial t}=D_{\mathrm{dif,soil}}\dfrac{\partial^2 C}{\partial x^2}$	(7.30)

7.7 移動現象の基礎方程式

最後に，本章で述べた基礎方程式を比較するための表7.1を示す．5種類の移動現象が全て (7.2) 式すなわち連続の式から導かれることがわかる．なお，重力項をもつ飽和浸透流と不飽和浸透流のみ，座標を鉛直方向zで記述した．

演 習 問 題

7.1 以下の記述において正しいものを選べ．
ア．連続の式(7.2)は，図7.1の微小領域内で湧出しがあっても成立する一般式である．
イ．飽和浸透流の式(7.4)，熱移動の式(7.21)，ガス拡散の式(7.30)は数学的には同じタイプの式なので，同じ手順で理論解を得ることができる．
ウ．ダルシー式とリチャーズ式は，実は同じ物理現象を異なる式で表したものである．
エ．分配係数K_dが大きいとき，吸着が著しいといえる．
オ．分配係数K_dの大きい物質が溶質として土の中を移動するとき，遅延係数Rも大きくなる．
カ．式(7.27)において，土中の水の相変化速度Iは，蒸発過程のとき正，凝縮過程のとき負の値で定義されている．

7.2 土の熱伝導率が，$1.5\ \mathrm{W\ m^{-1}\ K^{-1}}$，固相率が50%，体積含水率が30%，土粒子密度が$2.7\ \mathrm{Mg\ m^{-3}}$，固相の比熱が0.8であるとする．1日を周期とする温度振動について，z_dを計算せよ．表面温度の振幅が30℃あったとすると，振幅が1℃になる深さはどれだけか？

7.3 熱伝導方程式の解(7.23)において，右辺第2項に含まれる項$\sin(\omega t - z/z_d)$が，地表面$z=0$における温度振動に対する深さzにおける温度振動の時間遅れを表していることを説明せよ．

解 答

7.1 イ，エ，オ，カ
(参考) ア：厚さΔxの微小領域内で物質の発生や消滅（湧出し吸い込み）があるときは，溶質移動の基礎方程式導出の中で式(7.14)を用いたように，別の項を加える必要がある．ウ：リチャーズ式は，正確にいえば，バッキンガム-ダルシー式を連続式に代入して得られる基礎方程式をいう．

7.2 この土の体積熱容量 C_v は，(5.10) 式により
$$C_v = 2.7 \times 0.8 \times 10^6 \times 0.5 + 1.0 \times 4.18 \times 10^6 \times 0.3$$
$$= 2.334 \times 10^6 \quad (\mathrm{J\ m^{-3}\ K^{-1}})$$
したがって，温度伝導度 α は，(5.11) 式により
$$\alpha = \frac{1.5}{2.334 \times 10^6} = 6.43 \times 10^{-7} \quad (\mathrm{m^2\ s^{-1}})$$
角振動数も秒単位で求めると，1 日＝86400 秒であるから，
$$\omega = \frac{2\pi}{86400} = 7.3 \times 10^{-5}$$
これらを(7.24)式に代入すれば damping depth は
$$z_d = \left(\frac{2\alpha}{\omega}\right)^{0.5} = \left(\frac{2 \times 6.43 \times 10^{-7}}{7.3 \times 10^{-5}}\right)^{0.5} = 0.13(\mathrm{m})$$
となる．次に，温度の振幅を表す項は(7.23)式右辺第 2 項であるから，この項が 1°C となるような深さを求めるには，まず
$$A(0)\exp\left(-\frac{z}{z_d}\right) = 1$$
とする．ここで，$A(0) = 30°C$ を代入して $\exp(-z/z_d) = 1/30$，すなわち $-3.41 = -z/z_d$ を得るので，z_d の値 0.13m を代入して $z = 0.443$m となる．

7.3 一般に，振動が $\sin \omega t$ で表されるとき，$\sin(\omega t - \delta)$ で表される振動の δ を位相の遅れという．解(7.23)に含まれる $\sin(\omega t - z/z_d)$ は，$\delta = z/z_d$ の位相遅れを有している．

(参考) $\sin$ の絶対値は常に 1 以下なので，どの時間 t においても，深さ z における温度はその深さにおける温度の振幅より内側の温度となる．

8. 土壌物理の測定原理とその活用

　土壌物理の測定法は，いくつかの出版物の中に見られ，すでに定番ができ上がっているものも少なくない．しかし，ポテンシャル測定や，不飽和水分移動の測定に関連する場合，手順の理解以上に，測定原理の理解に手間取ることがある．そこで，本章では，実験の測定原理を理解する手助けとなるよう，比較的質問の多い事項について，重点的な解説を行うことにする．

8.1　土中水のポテンシャルの測定原理
a．吸引法と加圧法
　最も質問が集中する測定原理の一つは，土中水のポテンシャル測定法に関するもので，特に，加圧法が理解しにくいようである．ここでは，吸引法と加圧法を比較しながら説明しよう．以下で用いる正圧とは大気圧より大きい圧力，負圧とは大気圧より小さい圧力であり，大気圧をポテンシャル0と定めることにより，水のポテンシャルの値が正または負で表されることになる．

　図8.1中央の図のように毛管の中に水が保持されているとき，この毛管のマトリックポテンシャルを求めるには，左図のように，水溜の水圧を吸引して大気圧よりも下げるか，右図のように毛管の空気を大気圧以上に加圧して毛管の中の水を水溜の高さにするのに要する圧力（吸引圧または正圧）を測定すればよい．要は，現在そこに存在する水のポテンシャルと，大気圧と平衡状態にある水のポテンシャルとの差が測定できれば目的を達成できるのである．

　しかし，実際にこのような水溜を作ると，水が大気と接触しているせいで，水溜に空気が溶解してしまい，操作の過程でその水の圧力が低下すれば気泡が出現する（沸騰現象）などして測定困難になる．そこで，図8.2のように水溜の上に素焼板やメンブレンといった孔隙の小さな多孔体をおき，あらかじめ脱

気した水を測定系内に満たすと，空気侵入を防いで圧力平衡を得ることができる．図(a)が吸引法といわれ，(b)が加圧（板）法といわれる．たとえば，加圧法で直径 0.01 mm 以下の孔隙を持った素焼板を用いると，(2.5)式の r に 0.0005 cm を代入して得られる圧力差 -300 cm までのマトリックポテンシャルを測定できる．吸引法では負圧，加圧法では正圧を与え，それぞれ土からの脱水が終了した時点で土の含水比を測定することで，別途測定した乾燥密度を用いて体積含水率に換算すれば，マトリックポテンシャルと土の体積含水率との関係を得ることができる．

吸引法で排水口を試料の中心から 100 cm 下げた場合，および，加圧法で水柱 100 cm の圧力をかけた場合，マトリックポテンシャルはともに -100 cm

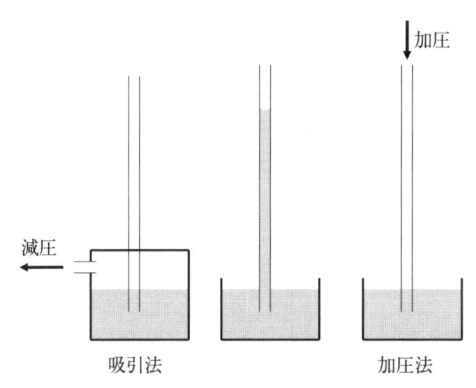

図 8.1 吸引法と加圧法の原理

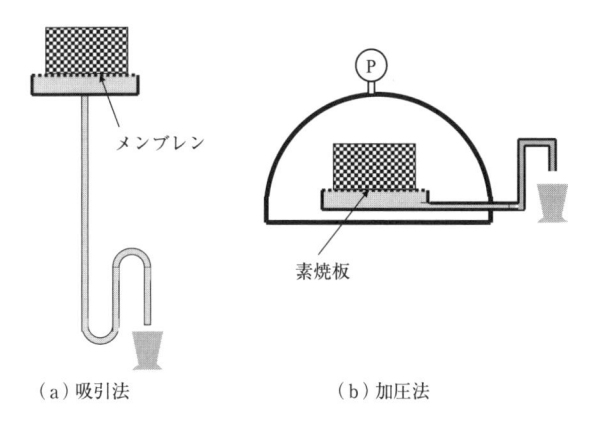

（a）吸引法　　　（b）加圧法

図 8.2 吸引法と加圧法の実際

である．しかし，吸引法では絶対ゼロ気圧（大気圧と等しい負の圧力）を超えた測定は原理的に不可能なので，その実用的な限界はおおよそ $-800\,\mathrm{cm}$ である．一方，加圧法は，孔隙の小さな素焼板さえ用いれば，経験的に $-15000\,\mathrm{cm}$（$-1.5\,\mathrm{MPa}$）まで測定が可能である．

以上の二つは室内でマトリックポテンシャルを求める方法であり，野外ではテンシオメータを用いる．テンシオメータは図8.3のように素焼カップと水の入った管および圧力センサから構成されている．地表から深さ d の位置で，土中水のマトリックポテンシャルが ϕ_m であるとき，地上 h で測定された圧力センサの読みを P とすると，

$$P = \phi_m - d - h \qquad (8.1)$$

が成り立つ．もし素焼カップがちょうど自由地下水面に達していたとすると ϕ_m は0なので，$P = -d - h$ という負圧を示すであろう（実際，この原理を用いれば，テンシオメータによって地下水位をモニタリングできる）．もし土が不飽和状態であれば，マトリックポテンシャルは負の値なので，P にはさらに低い負圧が示されるであろう．

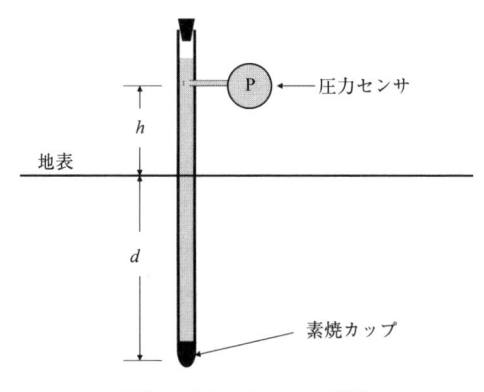

図8.3 テンシオメータの原理

b．蒸気圧法

蒸気圧法は，採取した土を小さな閉鎖空間内に置き，周囲の気体中の水蒸気と平衡させることによって土中の水のポテンシャルを決定する方法で，原理は比較的理解しやすい．ただし，蒸気圧法で測定されるポテンシャルは，マトリックポテンシャルと浸透ポテンシャルの和である．

標準状態の水と平衡している水蒸気圧を p_0，土の中の水と平衡している水蒸気圧を p とすると，これらの蒸気圧の差が土中水の水ポテンシャルと等しいと考えることができる．なぜなら，標準状態の水ポテンシャルが 0 だからである（水蒸気圧 p_0 は，当然 0 ではない）．蒸気圧に関する熱力学の定義に従い，この土の中に含まれる水と平衡している水のポテンシャルは，

$$RT \ln \frac{p}{p_0} \qquad (8.2)$$

R：気体定数($\mathrm{J\ mol^{-1}\ K^{-1}}$)

T：温度（K）

で与えられる．p/p_0 は，相対湿度に相当する．(8.2)式は水 1 mol あたりのポテンシャル値をエネルギー単位で与える式なので，水 1 g あたりのポテンシャル値に換算する場合には，水の分子量 $18\ \mathrm{g\ mol^{-1}}$ で(8.2)式を除し，単位を整える必要がある．

蒸気圧法は，相対湿度をあらかじめ指定して制御してあるデシケータ内に土を静置して平衡させる測定法なので，原理に忠実な測定法であるが，平衡に達するまでに長時間を要するきらいがある．同じ原理を利用した迅速測定法としては，ペルチエ効果を利用したサイクロメータ法がある．

8.2 TDR を用いた土壌水分量の測定原理

TDR（time domain reflectometry）は，土の水分を直接測定するのではなく，土の比誘電率を測定し，比誘電率と体積含水率の校正曲線に当てはめて体積含水率を推定する方法である．比誘電率とは，真空の誘電率に対する物体の誘電率の比をいう．図 8.4 に TDR プローブの略図を示す．

一般に，土壌水分量の測定は，土を 105°C，24 時間乾燥する炉乾法を基準としており，所定のサンプルを取り出して実験室内に運び込む必要がある．これ

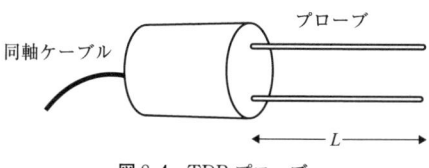

図 8.4　TDR プローブ

に対し，TDR は野外に設置すれば継続的に体積含水率を測定でき，従来の石膏ブロック法，中性子法，ヒートプローブ法などと比較しても精度が高く，測定領域が広いなどの利点がある．TDR の測定原理は，長大なケーブルの切断箇所発見のために用いられていた手法に由来するとされている．

土の誘電率の測定原理は以下のようである．まず，図 8.5 に TDR プローブとケーブルテスタをつないだ計測システム概念図を示す．ケーブルテスタから電磁波のパルスが地面に入り，長さ L のプローブの先端で反射し，地面から戻って来る伝播時間 t は次式で表される．

$$t = \frac{2L}{V_p} \tag{8.3}$$

V_p：電磁波の伝播速度

一方，電磁波の伝播速度は伝播する場によって決まるもので，真空中であれば光速と同じである．プローブが真空以外の媒体に囲まれ，電磁波がプローブ内を伝播する際には，伝播速度は

$$V_p = \frac{C}{\sqrt{K}} \tag{8.4}$$

C：光速　（$3 \times 10^8 \mathrm{m\ s^{-1}}$）

K：真空中の誘電率を 1 とした場合の周囲媒体の比誘電率

によって与えられる．水の比誘電率はほぼ 80 なので，水中にプローブを挿入すれば伝播速度は真空中の速度の約 1/9 となる．一方，土壌鉱物の比誘電率は多くの場合，4～5 である．したがって，土の誘電率は土の水分量の影響を非常に強く受けることになる．

(8.3) と (8.4) から V_p を消去すれば，K は以下のようになる．

$$K = \left(\frac{Ct}{2L}\right)^2 \tag{8.5}$$

TDR 法は，プローブの長さ L を既知として，伝播時間 t を測定することにより土の比誘電率を求める測定法である．そして，求めた比誘電率と土の体積含水率との校正曲線によって水分量を推定することができる．トップら (1980) は，いくつかの土の誘電率と体積含水率との関係を実測し，次の三次式で近似した．

$$\theta = -5.3 \times 10^{-2} + 2.92 \times 10^{-2} K - 5.5 \times 10^{-4} K^2 + 4.3 \times 10^{-6} K^3 \tag{8.6}$$

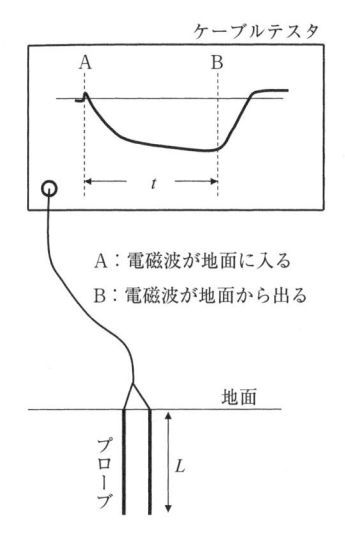

図 8.5 TDR による誘電率の測定

　土壌鉱物の誘電率は水の誘電率に比べて小さいため，(8.6)式は多くの土で±1％程度の精度で成り立つので，universal equation と呼ばれる．
　universal equation が成り立たない土として，有機物を多く含んだ土，乾燥密度の小さな土（黒ボク土）が知られている．この場合も TDR の読みと炉乾法による体積含水率の間に別途校正曲線を作れば，±0.2％程度の高精度が確保できる．TDR のもう一つの長所として，プローブ長の平均の体積含水率が求まる点にある．たとえば，根群域に相当する長さのプローブを用いれば，植物根の広がりを平均化した値として，その土の圃場容水量がいとも簡単に求まることになる．

8.3　飽和透水係数の測定原理
a．変水位透水試験法
　変水位透水試験は，定水位法が使えないときに用いる測定法である．通常，飽和透水係数が小さい土では，定水位法より変水位法が便利である．変水位法の測定原理は，第3章のダルシー則に忠実に従っているので，自ら手を下して式を導くと，理解の助けになる．

まず，図8.6に示すように，試料上部の管の断面積 a は試料の断面積 S よりも一般に小さくする．飽和透水係数が小さい土ほど，この管の長さを大きく，また断面積を小さくする必要があるが，毛管上昇の影響を受けるほど細くしないことが望ましい．試料の長さを L，試料の下端 B を位置ポテンシャルの基準とし，任意の時間 t における上部の管内水位を h とすると，試料上端 A の全ポテンシャルは $H_A = L + h$ となり時間とともに低下する．一方，B点の全ポテンシャルは $H_B = h_B$ で常に一定である．Δt 時間の間に水位が Δh 変化すると，この時間内に土中を通過した水の量 ΔQ は，管の断面積 a を用いて，

$$\Delta Q = a \Delta h \tag{8.7}$$

一方，ダルシーの法則から，Δt 時間の流量は土の断面積 S を用いて次のようになる．

$$\Delta Q = -Sk \frac{H_A - H_B}{L} \Delta t = -Sk \frac{L + h - h_B}{L} \Delta t \tag{8.8}$$

ここで，図8.6のように $L + h - h_B = y$ とおき差分形から微分形にすると，

$$a\,dy = -Sk \frac{y}{L} dt \tag{8.9}$$

となる．また，時間 t_1, t_2 における管内の水位 h_1, h_2 に対応する y の値を y_1, y_2 として，(8.9)式を積分すると，

$$k = \frac{1}{t_2 - t_1} \frac{aL}{S} \ln \frac{y_1}{y_2} \tag{8.10}$$

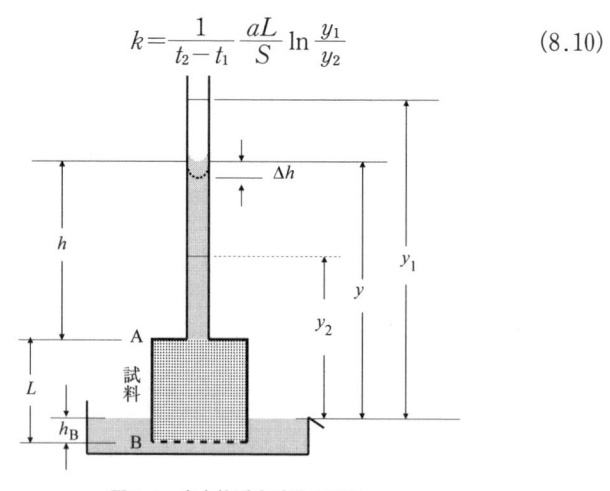

図8.6 変水位透水試験の原理

また，t_2-t_1 を経過時間 t とし，常用対数表示を用いると，上式は次のようになる．

$$k = \frac{2.3aL}{tS} \log \frac{y_1}{y_2} \tag{8.11}$$

この式からわかるように，変水位法では流出面の位置から測定した初期の管内水面の高さ（y_1）と t 時間後の水面の高さ（y_2）を測定すればよい．

b．負圧浸入計による現場透水試験

　土壌構造の発達した土では，飽和透水係数はマクロポアの影響を非常に強く受け，時として著しく大きな値を示す．しかし，わずかな負圧をかけて，マクロポアの水を排水させると，透水係数はマクロポアを除いた土本来の値となる．野外で簡便にこのような飽和近傍の透水係数を測定する方法が1990年前後に提案された．ここでは，負圧浸入計（disk permeameter）を用い，浸入速度から透水係数を推定する一つの方法を解説する．

　図8.7は，中央に給水管を立て，地表面と接触する円板面にナイロンフィルターを張り，負圧調整管によって常に一定の負圧状態の水が給水管からナイロンフィルター面に補給されるような負圧浸入計である．

　装置内の水は，所定の負圧をもってフィルター面から接触している地表面へと浸入する．給水管内の水が減少すると上部の空気だまりの圧力が下がるの

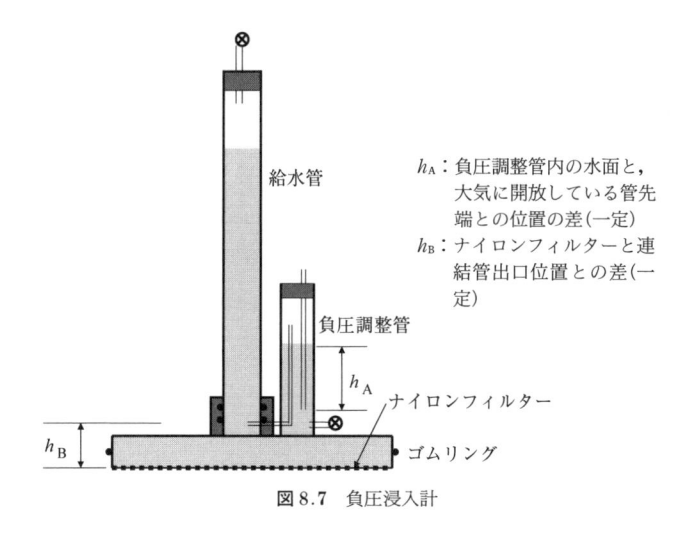

図8.7　負圧浸入計

で，負圧調整管から空気が補給され，気泡となって給水管を上昇する．負圧調整管内の空気は，圧力が低下した分，常に大気から引き込めるように別のチューブを挿入してある．こうして，常にフィルター面に負圧 $h=h_A-h_B$(cm) が定常的に与えられるように工夫したものが負圧浸入計である．この装置を用いて浸入を観察すると，初期には毛管力の影響を受けて浸入速度が大きいが時間の経過とともに浸入速度は低下し，20〜30 分程度で定常状態となる．このときの浸入速度をウディング（1968）は次のように表した．

$$q=k+\frac{4\phi}{\pi r} \qquad (8.12)$$

ここで，q は定常浸入速度，r は円板の半径，k は透水係数，ϕ はマトリックフラックスポテンシャル（matric flux potential）と呼ばれ次式で与えられる．

$$\phi=\int_{h_i}^{h} k(h)dh \qquad (8.13)$$

h_i は浸入開始前の乾いた土のマトリックポテンシャル（水頭表示）である．

ガードナー（1958）は透水係数とマトリックポテンシャルとの関係を次のような式で近似した．

$$k=k_s \exp \alpha h \qquad (8.14)$$

ここで，k はマトリックポテンシャルが h であるときの不飽和透水係数，α は実験的に決められるパラメータ，k_s は飽和透水係数である．この式を(8.13)式に代入し，更に(8.12)式に代入することにより次式が得られる．

$$q=k\left[1+\frac{4}{\alpha \pi r}\right]=k_s \exp(\alpha h)\left[1+\frac{4}{\alpha \pi r}\right] \qquad (8.15)$$

上式の対数をとると，

$$\ln q=\alpha h+\ln\left[k_s\left(1+\frac{4}{\alpha \pi r}\right)\right] \qquad (8.16)$$

ここで，h_A の設定を変更すると，$h=h_A-h_B$ の値が複数得られる．そこで二つのマトリックポテンシャル $h=h_1$ と $h=h_2$ とを用いることにより α が実験的に次のようにして求まる．

$$\alpha=\frac{\ln(q_1/q_2)}{h_1-h_2} \qquad (8.17)$$

a を(8.15)式に代入し,定常浸入速度 $q=(q_1+q_2)/2$ を用いることにより不飽和透水係数 k が計算される.

上述の方法は近似法であるが,野外で簡単に飽和近傍の不飽和透水係数を求めることができ,水移動におけるマクロポアの寄与の理解に役立つ.野外では,浸入計円板の直径が小さいほど土の不均一性の影響を強く受けることになる.一方,円板の直径を 30 cm 以上にすると,円板下面のナイロンフィルターと土の表面との接触を良好に保って設置するのが難しくなる.給水管の直径にもよるが,野外での流量測定の容易さから,透水係数の適正測定領域は 10^{-3}〜10^{-5} cm s^{-1} 程度である.

8.4　土の熱伝導率の測定原理

a. 土の熱伝導率の測定

熱伝導率の測定法には定常法と非定常法とがある.このうち,一定の温度勾配を長時間試料に与える定常法は,土の場合,水や空気の移動を引き起こすため,土中の流体の不均一な分布をもたらす.この結果,正確な測定値が得られなくなる.そのため,土の熱伝導率測定は,短時間にわずかの熱量を試料に与えて温度勾配を変化させる非定常法の一種「ヒートプローブ法」で測定することが推奨される.この方法は,無限大の試料中に入れた線熱源から一定時間に一定の発熱があるとき,線熱源の周囲の熱伝導率が大きい場合は線熱源自身の温度上昇が小さく,逆に周囲の熱伝導率が小さい場合には線熱源の温度上昇が大きくなることを利用したものである.

b. ヒートプローブ法

実際のヒートプローブは針状円筒形の細長いステンレス・チューブの中に,ヒータ線とプローブ自身の温度を測定する温度センサとを埋め込んだもので,直径は 1 mm 前後,長さ 50 mm 程度以上で,長さは状況に応じて使い分ける(図 8.8).発熱量をできるだけ小さくすることで,周囲への影響を抑えることができる.このヒートプローブ法を比較法で用いる双子型ヒートプローブ法によると精度はさらに向上する.

試料中のヒートプローブの発熱時の温度変化は次式で表される.

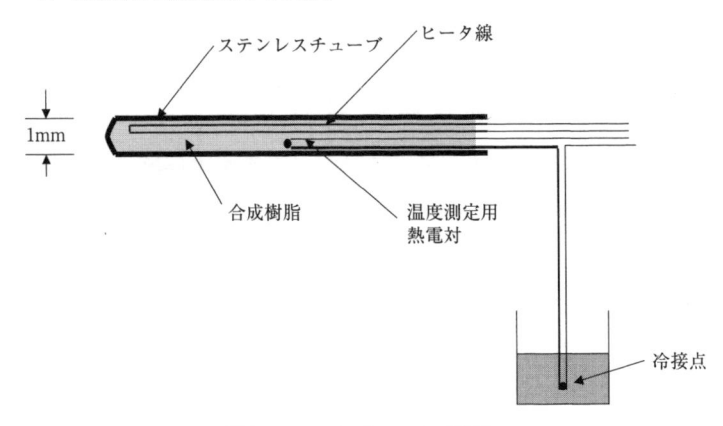

図8.8 ヒートプローブの概略図

$$T - T_0 = \frac{q}{4\pi\lambda}(d + \ln(t + t_0)) \qquad (8.18)$$

ここで，q はプローブの発熱量，λ は試料の熱伝導率，d は定数，t は時間，t_0 は補正値，T および T_0 はそれぞれ時間 t および $t=0$ におけるプローブの温度である．

発熱停止後のプローブの温度変化は同様に次式で表される．

$$T - T_0 = \frac{q}{4\pi\lambda}(d + \ln(t + t_0)) - \frac{q}{4\pi\lambda}(d + \ln(t - t_1 + t_0)) \qquad (8.19)$$

ここで，t_1 は発熱停止時間である．図8.9には発熱中および発熱停止後の温度変化を示す．

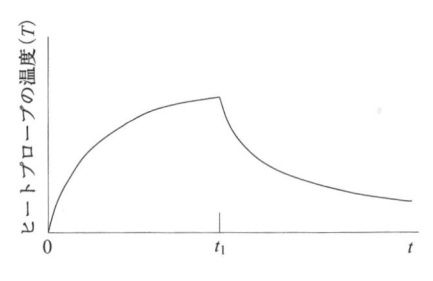

図8.9 ヒートプローブの温度変化

これらの式により，T, t, q がわかれば λ は求められる．しかし，実際に

は理想的な線熱源は得られないので，誤差が生じることになる．誤差を小さくする方法の一つとして比較法による測定がある．

熱伝導率 λ が既知と未知の試料 a, b のそれぞれにヒートプローブを入れ，同時に同量の発熱をさせたときの温度変化の比は，

$$\frac{T_a - T_{a0}}{T_b - T_{b0}} = \frac{\lambda_b}{\lambda_a} \tag{8.20}$$

となり，熱伝導率の比の逆比となる．ここで，添字 a, b はそれぞれ熱伝導率が既知および未知の物質を，0 は $t=0$ の時間を示す．

この式より，

$$\lambda_b = \lambda_a \frac{T_a - T_{a0}}{T_b - T_{b0}} \tag{8.21}$$

となり，既知の熱伝導率と温度変化の比との積から，未知の試料の熱伝導率が得られる．これは発熱中および発熱停止後のいずれの場合も同じである．実際の測定では，発熱中および発熱停止後の両者についてそれぞれ測定し，得られた熱伝導率の結果を平均して試料の熱伝導率とする．

また，1本のプローブで既知の試料の温度変化を先に求め，電子媒体に記録し，次に，同じプローブで λ が未知の試料中における時間と温度との関係を既知の試料と同じ条件で求め，コンピュータにより温度変化の比を計算し，熱伝導率を得ることもできる．これらはプログラムを組むことにより容易に自動化できる．

発熱量は，普通，プローブ 1 cm あたり 30 mW 程度，測定時間は発熱および発熱停止を合わせて 5 分程度，温度上昇は 1 K 程度でよい．基準物質としては，寒天（1 %程度）またはカルボキシメチルセルロースの 3 %溶液などが便利である．いずれも水の熱伝導率値を適用する．

演 習 問 題

8.1 図 8.3 において，素焼カップの位置が深さ 60 cm，圧力センサが地表から高さ 30 cm に設置してあり，圧力センサの読みが −200 cm の場合，深さ 60 cm のマトリックポテンシャルはいくらか．

8.2 相対湿度が 90 %，温度が 27°C の空気と平衡させた土の水ポテンシャルはいくらか．

8.3 畑から直径 5 cm，高さ 5.1 cm の採土円筒（体積 100 cm³）で土を採取し，毛管飽和後に変水位法で透水試験を行った．スタンドパイプの直径は 1 cm であった．初期の管内水面の高さは 17 cm，20 分後の管内水面の高さは 7 cm であった．透水係数はいくらか．

8.4 直径 4 cm の給水管と底面直径 20 cm の負圧浸入計を用い，負圧 3 cm と 7 cm で浸入試験を行った．定常状態になった後の給水管の 1 分間の水位低下量は，負圧 3 cm で 15 mm，負圧 7 cm で 5 mm であった．平均負圧 5 cm における透水係数はいくらか．

解　答

8.1 (8.1)式に $P=-200$ cm, $d=60$ cm, $h=30$ cm を代入すると，$\phi_m = h + P + d = -110$ cm となる．

8.2 (8.2)式に，温度 $273+27=300$ K，気体定数 $R=8.314$ J mol⁻¹ K⁻¹ を代入し，さらに水 1 g あたりのポテンシャル値に換算するために，水の分子量 $M=18$ g mol⁻¹ でこれを除すと，

$$\frac{8.314 \times 300}{18} \times \ln 0.9 = -14.6 \text{ J g}^{-1} = -146000 \text{ J kg}^{-1}$$

ここで，第 2 章で説明したポテンシャルの互換法を適用すれば，圧力表示で -14.6 MPa，水頭値では -1490 m となる．

8.3
$$k = 2.3 \left(\frac{1}{5}\right)^2 \frac{5.1}{20 \times 60} \log \frac{17}{7} = 1.5 \times 10^{-4} \quad (\text{cm s}^{-1})$$

8.4 (8.17)式から $\alpha = \dfrac{\ln(1.5/0.5)}{7-3} = 0.275$ であるから，$1 + \dfrac{4}{\alpha \times \pi \times r} = 1.46$

また，平均の浸入速度は $q = \dfrac{1.5 + 0.5}{2 \times 60 \times 25} = 0.00066$ (cm s⁻¹)，

したがって，(8.15)式より，$k = \dfrac{0.00066}{1.46} = 0.00046$ (cm s⁻¹)

9. 環境問題と土壌物理学

　土壌物理学は，その知識体系を畑地灌漑など農業に活用する目的で生み出されたが，基礎研究を重視する分野として歴史を重ねた結果，農業問題に限らず環境問題へ広く応用しうる科学へと発展しつつある．しかし，土壌物理学を基礎と応用のバランスがとれた科学へと発展させるためには，未解決な課題が少なくない．そこで，本章では，土壌物理学と環境問題との関わりについて，現状と問題点を解説する．

9.1　土壌物理学の歴史と環境問題

　土壌物理学は20世紀に基礎が確立し，多面的に発展した科学である．ここで，20世紀を初頭，中盤，後半に分けて土壌物理学の歴史を概観し，現在の課題を述べよう．

　20世紀初頭，土壌物理学の黎明期において，リチャーズ方程式に代表されるような，土壌水分移動の数学的定式化が完成し（この業績が生まれた1931年当時，リチャーズはまだ大学院生であった），また，土中での水のポテンシャル理論が生み出された．20世紀中盤においては，土の物理性を説明する理論的研究はさらに精緻を極め，浸潤理論（フィリップに代表される），相似則とスケーリング理論，熱と物質の同時移動理論など，土壌物理を越えた他分野にも影響を及ぼすような基礎研究が蓄積された．20世紀後半においては，古典的土壌物理理論の限界が認識され，各国の研究者が理論をフィールド問題へ適用するための手法開発に着手した．特に，ジオスタティスティックス（geostatistics，地理的統計学などと訳される）が急速に取り入れられ，土の不均一性，代表要素サイズ（REV）などの新しい概念と共に，フィールドへ適用される土壌物理学を目指した．電子機器の発達と共に測定技術が飛躍的に

高度化し，TDR などを誰でも使えるようになったのは，この時期である．

21世紀を迎えた現在，土壌物理学はさらに発展を続け，農地の土壌物理現象，雨水の流出過程や水文水収支過程におけるフィールド問題への適用だけでなく，重金属や農薬による汚染土壌の浄化，劣化土壌の改良，砂漠化防止，温室効果ガスの排出抑制，微生物が関与する土中の物質移動といった，地球環境問題に直結する課題に立ち向かう科学として，改めてその存在意義を主張している．未解決問題は多いが，確かに土壌物理学が環境問題と強く関わるようになったことは，広く認知されている．

9.2 溶質移動が関与する環境問題と土壌物理学
a．灌漑に伴う塩害

乾燥地，半乾燥地の農地において，灌漑は不可欠である一方，塩害を引き起こす可能性もはらんでいる．塩害を引き起こしている地域としては世界最大の灌漑面積を誇るインダス流域や湖が縮小してしまったアラル海周辺部などがよく知られている．図9.1 は，過剰な灌漑によってスペインの水田で生じた塩害の例である．

オーストラリア大陸の南と西側には，海風が運んだ塩が地中深くに存在する．こうした土地で，人は約150年前に農地開発を始め，在来の灌木林を伐採して畑地化した．それまで，在来の灌木林は降水量の約20％を遮断し，それ

図9.1 塩類化により不毛の水田となった例（スペイン）

を蒸発により直接大気に返していた．しかし，背の低いコムギや牧草では降雨を遮断する割合が低いことに加え，休閑期があるため，畑地化以前に比べて地下浸透量が増加した．その結果，塩分を含んだ地下水位が徐々に上昇していった．浅くなった地下水からは毛管上昇により液状水が土壌表面近くまで移動し，蒸発に伴って塩が地表面付近に集積した．農民がこの土の異変に気が付くまでに約1世紀が経過していた．同じような塩害はアメリカの北部大草原地帯の非灌漑農地でも生じている．

なお，地下水がさらに上昇し，非常に浅いところまで達すると，土壌水分は飽和状態に近くなり，窪地では湛水が生じる．このような状態をウォーターロギング（waterlogging）といい，たとえ塩害が生じなくても湿害により畑作物の栽培はできない．

b．森林伐採に伴う下流域の塩害

東北タイは年降雨量が約1200 mmあり，かつては熱帯サバンナ林に覆われていた．しかし，人が森林を伐採し，かつては60％を占めていた森林面積が1/3以下に減少し，その結果，蒸発散量が減少し地下浸透量が増加した．ところで，東北タイでは深層に岩塩層が存在するので，浸透量が増加すると水は岩塩層の割れ目を通って低平地に流出し，最後に蒸発して塩を地表に集積した．

c．塩害に対する土壌物理学の貢献

土壌物理学を適用すると，地下水位と地表面蒸発量との関連が理論的に予測できるので，塩害を防ぐためには地下水位をどのレベルに制御すべきかという指針を計算することができる．以下にその利用例を示そう．

塩害は，経験的に地下水位が2～3 mよりも浅くなると生じるといわれている．そこで，他の条件が同じと仮定するとき，地下水位が 0.5 m から 3.0 m までの間で変化すると地表面蒸発量がどれだけ変化するかを理論的に予測してみる．ここでは，粒径がより粗いローム土（図1.2の土性図における L）とより細かい細粒土（図1.2の土性図における SiC）の2種類を考え，第3章のバッキンガム-ダルシー式を解いてみる．不飽和土壌水の運動は，(3.18)式で表すことができる．条件を単純化するため，蒸発は地下水面が一定の深さの土から定常状態（日変化をしない）で生じているとすると，(3.18)式を積分して，(7.9)式で表すことにより，地下水面の位置と地表面のマトリックポテンシャ

ルとの関係を求めることができる．

$$z = -\int_0^{\phi_m} \frac{1}{1+\dfrac{q}{k(\phi_m)}} d\phi_m \tag{9.1}$$

また，不和透水係数とマトリックポテンシャルとの関係が以下のように表されるとする．

$$k(h) = \frac{a}{h^n + b} \tag{9.2}$$

　　h：サクション（$=|\phi_m|$ マトリックポテンシャルの絶対値）(cm)
　　a, b：実験的に定まる定数

n が簡単な正の整数の場合は(9.1)式を(9.2)式に代入することにより積分ができる．さらに，土面蒸発量の最大値を算出する工夫として，仮に地表面のマトリックポテンシャルを無限小（マイナス無限大）とすると，地表から地下水面までの距離（d）と最大蒸発量（E_{max}, 単位 cm d^{-1}）の関係は次のように計算することができる（ガードナー，1958）．

$$n = 2 \text{ の場合} \qquad E_{max} = 2.46 \times a \times d^{-2} \tag{9.3}$$
$$n = 3 \text{ の場合} \qquad E_{max} = 1.76 \times a \times d^{-3} \tag{9.4}$$

そこで，$k(h)$ の形状が次のように異なる二つの場合について考えてみる．透水係数の単位は cm s^{-1} である．

$$k(h) = \frac{1 \times 10^{-3}}{h^2 + 1} \qquad (n=2) \tag{9.5}$$

$$k(h) = \frac{1}{h^3 + 1000} \qquad (n=3) \tag{9.6}$$

図9.2はこれらの値を図示したものである．二つの土の透水係数は飽和では 1×10^{-3} cm s^{-1}，マトリックポテンシャルが -1000 cm では 1×10^{-9} cm s^{-1} と等しい値をとる．n の値と土性とは完全な対応はないが，$n=2$ は粘土分の多い細粒土，$n=3$ はローム質土に相当する．

単位を揃えるため，a の値として，(9.5)，(9.6)の分子に1日の秒数86400を乗じて(9.3)，(9.4)に代入すると，最大蒸発速度は表9.1のようになる．

表9.1は以下のことを予測している．まず，地下水位が浅いほど地表面蒸発量が大きく，水に溶けた塩を地表面に多く運ぶ可能性が高い．また，地下水面

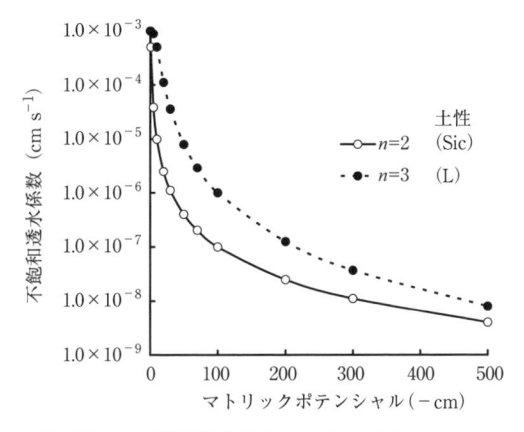

図 9.2 2種の仮想土の不飽和透水係数とマトリックポテンシャルとの関係

表 9.1 地下水面の深さと最大地表面蒸発速度推定値

地下水位（cm）	地表面蒸発量（mm d^{-1}）	
	細粒土（SiC）	ローム質土（L）
−50	0.85	12.2
−100	0.21	1.52
−200	0.05	0.19
−300	0.024	0.056

の深さが同じならば，ローム質土の塩類集積の危険がより大きいこともわかる．

d．地下水の硝酸汚染

わが国をはじめ集約農業を展開している地域で，農業活動に伴う硝酸汚染が問題となっているところがある．同じ農業活動であっても，土地利用型のムギやトウモロコシは作物が土中の窒素を吸収し登熟してから収穫するので，地下水汚染は少ない．一方，たとえばハクサイのように，春に菜の花が咲いて種になるずっと前の前年の秋に茎葉を収穫してしまう野菜栽培のような集約農業では，収穫期が作物にとっての生育盛りであり，土中に十分な窒素肥料を必要とするため，収穫後に大量の窒素が土中に残ってしまう．ハクサイのような野菜の他，茶やナシにも，同じく大量の窒素肥料を与える．作物栽培に加え，大半

を購入飼料に頼る大規模畜産農家から排出される糞尿によっても，地下水や水系の汚染が深刻化している．

窒素肥料は化学肥料の場合はアンモニア態窒素として与えることが多い．アンモニア態窒素は畑状態では土壌微生物により速やかに硝酸態窒素に変化（硝酸化成）する．また，堆肥等の有機肥料はアンモニア態窒素に変化（無機化）してから硝酸態窒素に変化する．土に含まれる粘土の多くは負に帯電しており，陽イオンを引きつけている．しかし，硝酸イオンは陰イオンであるため粘土に吸着されずに土中水と共に移動することになる．降水量が蒸発散量を上回る地域では，硝酸はやがて地下水に到達し汚染することになる．下層土の土中水分は変動が少なくほぼ一定であるので，その体積含水率を $0.4\,\mathrm{m^3 m^{-3}}$ とし，年降水量を 1500 mm，年蒸発散量を 700 mm と仮定すると，地下 20 m にある地下水に硝酸態窒素が到達するのにかかる時間は第 4 章の (4.14) 式を用いて計算すると 10 年となる．また，(4.14) 式から砂丘未熟土のような体積含水率が少ない土の方が黒ボク土のような体積含水率の多い土に比べて地下水汚染は速やかに生じることがわかる．わが国の年蒸発量は数 100 mm であり地域差は大きくないが，年降水量は 1000 mm 以下から 3000 mm を超える地域まである．降水量と蒸発散量の差が小さい地域では，汚染に気付くまで長時間かかることになる．

わが国の畑面積の半分を占める黒ボク土に含まれる粘土鉱物アロフェンは，陽イオンばかりでなく陰イオンを引きつける性質がある．このため，黒ボク土中では硝酸イオンの一部はアロフェンに吸着され，吸着されない場合に比べ移動が遅れる．この程度を遅延係数 R で表す．

$$R = 1 + \frac{\rho_b K_d}{\theta} \qquad (7.18\,\text{再掲})$$

ρ_b：乾燥密度

K_d：分配係数

θ：体積含水率

黒ボク下層土の場合，遅延係数は約 2 であるので，黒ボク土に先の例を当てはめると 20 年となる．

ヒトが硝酸塩を多量に摂取すると，条件によっては胃の中で亜硝酸に還元さ

れる．この亜硝酸が血液中に取り込まれると，ヘモグロビンと結合してメトヘモグロビンに変化し，血液の酸素を運ぶ能力を低下させるため，とくに乳児に対して健康障害を引き起こす．そのため，WHO は飲料水の硝酸塩濃度の上限として $50\ \mathrm{mg\ NO_3\ L^{-1}}$ を採用している．一方，環境省は 1999 年に公共用水域および地下水の人の健康の保護に関する水質環境基準として，硝酸態窒素を加えその濃度の上限値を $10\ \mathrm{mg\ L^{-1}}$ とした（分子量から $\mathrm{NO_3/N}=4.4$ となり，両基準値はほぼ等しい）．

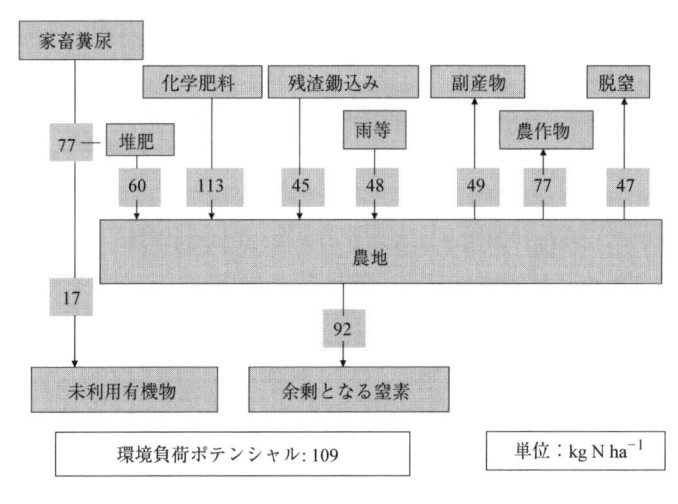

図 9.3 農業生産に伴う窒素フロー（三島 2000）

わが国の農地の窒素収支は図 9.3 に示すとおりであり，毎年 $92\ \mathrm{kg\ ha^{-1}}$ の窒素が余剰窒素として土壌中に残留する．この窒素が 800 mm の浸透量に溶けると土中水中の硝酸態窒素濃度は $11.5\ \mathrm{mg\ N\ L^{-1}}$ となる．図 9.3 のような手法を野菜畑，水田に適用すると，土中水中の硝酸態窒素濃度はそれぞれ 23 と $5\ \mathrm{mg\ N\ L^{-1}}$ となる．実際 1991 年に農林水産省が行った調査では，$10\ \mathrm{mg\ L^{-1}}$ を超えた井戸は水田地帯では 107 本中 1 本だったのに対し，非水田地帯では 75 本中 27 本に達している．また，1993 年に行われた 11 都道府県の井戸水の調査によれば，799 地点の中で 39 地点が $10\ \mathrm{mg\ L^{-1}}$ の値を超えている．

水田地帯の地下水の硝酸態窒素濃度が畑地帯よりも少ないのは次のような理由による．湛水中の水田の作土には酸素がない還元状態のため硝酸化成が起こ

りにくく，施肥されたアンモニア態窒素は陽イオンのため粘土に吸着される．また，水田表面近傍の酸化層で硝酸化成より生成された硝酸態窒素が還元層に浸透すると，還元状態で活躍する脱窒菌により窒素ガスとなり，大気に放出され，浸透水中の硝酸態窒素濃度は低い．

窒素と同じ多量要素であるリンは土に吸着されるため，リンが地下水から検出されることはないと考えてよい．しかし，リンは土壌懸濁液としては移動するため，割れ目のような粗孔隙が地下水まで連続しているような場合には地下水汚染もありうる．一般に陽イオンは土粒子に吸着されるため，遅延係数が大きく，地下水に陽イオンが到達するには非常に長期間かかる．このことは逆に，汚染に気が付いたときは完全に手遅れであり，修復が困難であることを示している．

9.3 土の不均一性が問題となる場合の土壌物理学的手法
a．代表要素サイズ（REV）

これまでに述べてきた水，溶質，ガスの移動は土を均一（homogeneous）な媒体と考えて発展してきた理論であり，実験であった．しかし，土中には粘土粒子間の目に見えない微細間隙から，容易に目視できる根穴や乾燥亀裂までも存在し，不均一（heterogeneous）のことが多い．土の異方性（anisotropy）という問題もある．

そこで，調査の目的に鑑みて，採取すべき土のサイズを決定し，そのサイズの試料が調査対象全体の代表要素となっていることを確認する必要がある．このようなサイズを体積で表すとき，これを代表要素体積（representative element volume，REV）という．土が均一な物体であれば，REV は非常に小さくて十分であるが，上記のような不均一性や異方性を有する場合は，REV を大きくとる必要があるだろう．

しかし，REV の確定は，それほど容易ではない．例えば，調査対象地の土の乾燥密度を評価したいとき，$100\ cm^3$ の円筒で複数の試料を採取すれば，大体どれも同じ数値を取るため，このサイズ $100\ cm^3$ を REV とみなしてよい．一方，排水性の改良のために暗渠を約 10 m 間隔で埋設している水田や転換畑では，各暗渠から出てくる排水量のばらつきが大きい．土の中を縦横に走る亀

裂が，不規則に発達しているためである．このような調査対象値で透水性を評価するためには，水田一枚を REV と定めざるを得ないこともある．

b．マクロポア

土にみられる明瞭な根穴跡や乾燥亀裂などの粗孔隙を，マクロポアという．マクロポアを持つ土では，水で飽和しているときにはそのマクロポア部分で多量に水が移動するので，土全体としての水移動量も大きくなる．マクロポア内の水移動によってマクロポアが拡大発達することもある．ところが，マクロポアを有する土でも，少し不飽和状態に移行しただけで，水移動量が急減することがある．少し不飽和状態に移行するときには，土のマクロポア部分の水が速やかに排水されて，そこでの水移動も起こらなくなり，土のマトリックス部分のみで水移動が起こるからである．

マクロポアがあるとき，土の飽和透水係数では予測できないほど多量の水が，遠距離まで達することがある．このような流れをバイパス流という．前項の地下水汚染の説明では土は均一として説明したが，実際の農地では，このようなバイパス流が汚染物質を多量に流すという影響を及ぼすこともある．この場合，土を均一と仮定した不飽和浸透理論や溶質移動理論では，硝酸態窒素の地下水到達時間を予測できない．したがって，実際の農耕地を調査対象としたときは，水移動の実態を明らかにするように，水移動を連続的に測定するモニタリングを行うことが推奨される．

バイパス流のもう一つの典型として，亀裂が発達した水田や転換畑の暗渠排水があげられる．第3章で述べたように，飽和透水係数が 1×10^{-5} cm s^{-1} では暗渠の間隔が 1.7 m と計算されるが，実際には，飽和透水係数が 10^{-6} cm s^{-1} 以下の水田において，暗渠間隔を 7.5〜10 m と広くとっても 1 日 20〜50 mm の水量を排除できる例がみられる．この例は，暗渠から排出される水が，マクロポアを移動するバイパス流から集められたことを示している．

9.4　土壌侵食問題に対する土壌物理学の寄与

集約的な農業生産や農耕地の無理な拡大に伴って生じる土壌劣化（soil degradation）は持続的な農業生産にとって深刻な問題となっている．なかでも土壌侵食（蝕）は最も面積が大きく深刻な問題となっている．土壌侵食には水食

と風食がある（水食の場合は浸食と書くこともある）．土が生成する速度は，場所により非常にまちまちであるが，仮に生成される土の密度を $1\,\mathrm{Mg\,m^{-3}}$ とし，1年に $1\,\mathrm{t/ha}$ の土が新しく生成するとすると，それは $0.1\,\mathrm{mm}$ の厚さに相当する．したがって侵食速度がこれよりも大きいと，土はだんだんと失われていくことになる．土壌侵食は正常侵食（geological erosion, normal erosion または natural erosion）と加速侵食（accelerated erosion）に分けられる．正常侵食は，水，風，温度の作用により，土地を平準化する自然の営力であり，加速侵食は放牧，森林の伐採，農地造成，焼畑など人間の手により加速される侵食である．

a. 土壌侵食に影響を与える要因

アメリカ合衆国では，移民により，ヨーロッパで発達した農業を大規模に導入したが，気象条件が違うために土壌侵食問題が深刻になった．そこで，1930年代に侵食に関する試験を始め，USLE（universal soil erosion equation, 汎用土壌流亡式）という経験式を提案するに至った．この式には，土壌侵食に影響を与える要因が積の形で含まれている．

$$A = R \times K \times LS \times C \times P \tag{9.7}$$

A：1 ha あたりの流亡土量
R：降雨エネルギーに関する項
K：侵食を受けやすい土壌か否かを表す項．土の浸透性や降雨および表面流出水による離・輸送に抵抗する性質などに関係する
LS：斜面の長さ（L）と勾配（S）に関する項
C：作物を栽培することによる侵食抑制効果を表す項
P：畝立てや段畑等の侵食防止対策効果を表す項

当然，USLE 式の適用性には様々な限界があり，今日までに非常に多くの改良案，代替案が提起され，今日もなお発展を続けているが，土壌侵食の詳細については専門書に譲るとして，ここでは，土壌物理学からみた侵食メカニズムを概観してみる．

b. 土壌侵食（水食）のメカニズム

　雨滴が裸地表面の土壌を叩くと小さな土塊（団粒）は飛ばされ（雨滴侵食）大きな土塊は崩れていく．乾いた土にゆっくりと水をしみこませると土塊はその形状を保っているが，急激に水に入れると土塊内部に閉じこめられた空気が突沸して崩壊する．これをスレーキング（slaking, 沸化）という．したがって，湿った土よりも乾いた土が雨滴に叩かれたほうが崩壊し，細粒化しやすい．小さな土塊は水に懸濁し，水と共に移動する．土粒子が雨水で分散しやすいほど，水とともに移動しやすくなる．

　水によって崩壊した土塊や，水と共に移動する細かな粒子は土塊間の間隙を次第に埋めていく．その結果土壌表面のごく表層（数 mm 未満）には透水性の小さな層ができる．これをクラスト（crust）という．クラストが形成されると，雨水の土中への浸入速度は非常に低下する．すると，土中へ浸入できなかった水は細かな粒子とともに斜面を流れる（表面流出）ようになる．

　土の表面にできたクラストが乾燥すると，そのクラストが硬くなり出芽を妨げ裸地面積が増えることがある．地表を覆った植被は雨を遮断し侵食を抑制する効果があるので，クラストにより裸地面積が増えると雨滴の衝撃を直接受けて表面流出がより起こりやすくなることがある．

　斜面を流れる水流が大きくなると，今度は流水が土壌表面を削っていく．このようにして土壌侵食が生じる．土壌侵食の最初は土壌表面を土粒子が流れていく面状（sheet）侵食である．表面流出が続くと，次第に細かな樹枝状の多数の溝が発達してくる．この段階を細流（リル，rill）侵食という．さらに侵食が発達すると，大きな深い溝が形成され，大量の土砂が流亡する．この段階をガリ（gully）侵食という．耕耘作業によって修復が可能な侵食をリル侵食，不可能な侵食をガリ侵食として区別する．

　泥を巻き込んで斜面を流れる泥流を見ると，その運動エネルギーは相当大きいように思われるが，実際は表 9.2 のように雨の運動エネルギーの方が大きく，表面流去のエネルギーの 256 倍にも達する．

c. 土壌物理学からみた現代農業の問題点

　伝統的な農業にはそれなりの土壌保全対策が行われてきているが，現代農業においては，化学肥料の多用，大型機械の導入などに伴う土の物理性変化が土

表9.2 雨のエネルギーと表面流去のエネルギーの比較

	雨	表面流去
質量	R	$\dfrac{R}{4}$（流出率が25％と仮定）
速度	$8\,\mathrm{m\,s^{-1}}$（雨滴の速度）	$1\,\mathrm{m\,s^{-1}}$（表面流出水の速度）
運動エネルギー	$\dfrac{1}{2}R\times 8^2=32R$	$\dfrac{1}{2}\times\dfrac{1}{4}R\times 1^2=\dfrac{R}{8}$

壌保全に対するリスクを生み出しているきらいがある．たとえば，農地に有機物（堆厩肥）を投入する伝統的な農業では，有機物と微生物が豊富で農地の肥沃性が持続するような土壌生態系が生まれ，土の物理性は良好に保たれた．しかし，化学肥料と大型機械を多用する現代農業では，土は圧縮され，締まりやすい土塊となり，クラストも形成しやすくなる結果，浸透性や排水性が低下している．これらを回避するために行う過剰な耕耘，砕土も，土壌構造をさらに破壊する．これらの結果，農地に浸入する降雨量が減少し，表面流出が生じる割合が高くなり，土壌侵食を助長することにもつながる危険が大きいのである．土壌物理学は，農地における土の物理性の診断と問題解決に向けて研究を発展させ，大きく貢献する必要がある．

演習問題

9.1 不耕起栽培は土壌侵食を抑制するといわれているが，なぜか．
9.2 棚田は土壌侵食を起こさないため傾斜地農業として環境にやさしいと言われている．なぜ侵食を起こさないのか．
9.3 波が直接には届かない海岸の砂浜で，塩の結晶が集積していないのはなぜか．
9.4 乾燥地の灌漑農業において塩害を生じさせないための地下水位管理について，留意すべき事項を述べよ．
9.5 乾燥地や半乾燥地では，灌漑農業を行うことで土壌の塩類化が進行しやすい．このように塩類を多量に含む土壌では，灌漑用水の水質について，真水ではなく若干の塩分を含む水を用いることが推奨される．なぜだろうか？

解　答

9.1 団粒が形成されている土壌や，構造が安定している土壌は，水によって侵食されにくい．耕起土壌は人為的に土壌を細粒化するので，細粒化した土粒子が水に運び去られる傾向が強く，不耕起栽培ではこの傾向を抑制できる．

9.2 棚田はあぜによって地表水をせきとめ，水をゆっくり地下に浸透させる．あぜの高さはおおむね 30 cm ほどあるので，堰上げの高さは降雨 300 mm 分に相当する．通常，棚田は互いに隣接して広い面積を覆うので，十分な保水効果，流出抑制効果をあげることができる．

9.3 砂はマトリックポテンシャルが低下すると不飽和透水係数が急激に小さくなる．そのため，砂の表面が乾き始めると同時に，地表の蒸発面への下からの給水量が急激に小さくなり，したがって塩も運ばれず，集積もしない．

9.4 農地からの蒸発散量を上回る潅水を行うと地下水位が上昇し，塩害の原因となるので，過剰な潅水を避ける．また，排水路を整備することにより，地下水位を上昇させないことも必要である．

9.5 塩分を含む土地で，真水を灌漑に使用すると，土壌溶液濃度が低下し，拡散電気二重層の厚さが増大する．その結果，土は分散的になり，分散した土粒子が間隙の目詰まりを助長する．若干の塩分を含む灌漑水であれば，土を著しく分散的にすることを防ぐことができる．

(参考) 米国のガイドラインでは，灌漑水の電気伝導度（EC 値）が $0.5\,\mathrm{dS\,m^{-1}}$ 以上であることを推奨し，それが $0.2\,\mathrm{dS\,m^{-1}}$ 以下だと深刻な分散と目詰まりの危険があるとしている．

参　考　文　献

本書全般に関して
　八幡敏雄，土壌の物理，東京大学出版会（1975）
　中野政詩，土の物質移動学，東京大学出版会（1991）
　久馬一剛ら編，土壌の事典，朝倉書店（1993）
　Miyazaki, T., Hasegawa, S. and Kasubuchi, T., *Water Flow in Soils*, Marcel Dekker（1993）
　Kutilek, M. and Nielsen, D.R., *Soil Hydrology, GeoEcology Textbook*, CATENA VERLAG（1994）
　Hillel, D., *Environmental Soil Physics*, Academic Press. San Diego（1998）
　ダニエル・ヒレル（内嶋善兵衛・岩田進午監訳），環境土壌物理学（上記本の3分冊訳本），農林統計協会（2001）
　Tindall, J. and Kunkel, J.R., *Unsaturated Zone Hydrology for Scientists and Engineers*, Prentice Hall（1999）
　宮﨑　毅，環境地水学，東京大学出版会（2000）
　犬伏和之・安西徹郎編，土壌学概論，朝倉書店（2001）
　Warrick, A.W. (Ed.), *Soil Physics Companion*, CRC Press（2002）
　Jury, W.A. and Horton, R., *Soil Physics*, John Wiley & Sons（2004）

第1章　土とは何か
　岩田進午，土のはなし，大月書店（1985）
　佐藤照男，不耕起栽培による低湿重粘土水田の土地改良と汎用化の展望，農業土木学会誌 **60**(8)：15-20（1992）
　土壌物理学会編，新編土壌物理用語事典，養賢堂（2002）

第2章　土の保水性

ムーア（藤代亮一訳），物理化学（下）第4版，東京化学同人（1974）

ダニエル・ヒレル（岩田進午監訳），土壌物理学概論，養賢堂（1984）

第3章　土の中の水移動

Buckingham, E., Studies on the movement of soil moisture, *U.S. Dept. Agr. Bur. Bull.*, **38**（1907）

Green, W.H. and Ampt, G.A., Studies on soil physics. I. The flow of air and water through soils, *J. Agr. Sci.* **4**：1-24（1911）

吉田昭治，浸透流の基礎方程式，農業土木研究別冊 **1**：19-26（1963）

Philip, J.M., Theory of infiltration, *Adv. Hydrosci.* **5**：215-296（1969）

宮﨑 毅，浸潤方程式，土壌の物理性 **50**：56-62（1984）

Clothier, B.E., Infiltration. In：Smith, K.A. and Mullins, C.E.（Eds.），*Soil and Environmental Analysis*, 239-280, Marcel Dekker（2000）

Hasegawa, S. and Sakayori, T., Monitoring of matrix flow and bypass flow through the subsoil in a volcanic ash soil, *Soil Science and Plant Nutrition* **46**(3)：661-671（2000）

第4章　土の中の溶質移動

J・ハー，シビル・アクション　ある水道汚染訴訟（上）（下），新潮文庫（2000）

Taylor, G.I., The dispersion of soluble matter flowing through a capillary tube, *Proc. Math. Soc. Lond.* **2**：196-212（1953）

Bolt, G.H. and Gruggenwert, M.G.M 編著（岩田進午ら訳），土壌の化学，学会出版センター（1980）

Bresler, E., McNeal, B.L. and Carter, D.L., *Saline and Sodic Soils, Principles-Dynamics-Modeling,* Springer-Verlag（1982）

Jury, W.A., Gardner, W.R. and Gardner, W.H., *Soil Physics. Fifth Edition*, John Wiley & Sons（1991）

第5章　土の中の熱移動

粕渕辰昭，土壌の熱伝導率におよぼす水分の影響，日本土壌肥料学雑誌 **43**(12)：437-441（1972）

粕渕辰昭，土壌の熱伝導機構に関する諸問題，農業気象，29(3)：201-207（1973）

ten Berge, H.F.M.（九州地下水研究会訳），裸地表面と低大気層における熱と水分の輸送，森北出版（1996）

Momose, T. and Kasubuchi, T., Effect of reduced air pressure on soil thermal conductivity over a wide range of water content and temperature, *Europian Journal of Soil Science* **53**：599-606（2002）

第6章　土の中のガス移動

陽捷行編著，土壌圏と大気圏，朝倉書店（1994）

Falta, R.W., Javandel, I., Pruess, K. and Witherspoon, P.A., Density-driven flow of gas in the unsaturated zone due to the evaporation of volatile organic compounds, *Water Resources Rerearch* **25**(10)：2159-2169（1989）

藤川智紀・宮﨑　毅・関　勝寿・井本博美，田畑輪換圃場における土壌微生物数分布とCO_2，O_2ガス濃度分布の相関について，農業土木学会論文集 **208**：19-28（2000）

遅澤省子，土壌中のガスの拡散測定法とその土壌診断やガス動態解析への応用，農業環境技術研究所報告 **15**：1-66（1998）

濱田洋平・田中　正，筑波台地における土壌中の有機体および二酸化炭素の炭素安定同位体比，筑波大学陸域環境研究センター報告 **4**：19-30（2003）

Philip, J.R. and de Vries, D.A., Moisture movement in porous materials under temperature gradients, *Transa. Amer. Geophys. Union.* **38**(2)：222-232（1957）

第7章　土の中の移動現象を表す基礎方程式

Carslaw, H.S. and Jaeger, J.C., *Conduction of Heat in Solids. Second Edition*, Oxford University Press（1959）

Crank, J., *The Mathematics of Diffusion. Second Edition*, Oxford University Press（1975）

スタンリー・ファーロウ（伊理正夫・伊理由美訳），偏微分方程式，啓学出版（1983）

第8章　土壌物理の測定原理とその活用

Topp, C.C., Reynolds, W.D. and Green, R.E. (Eds.), Measurement of soil physical properties：Bringing theory into practice, *Soil Sci. Soc. Am. Spec. Publ.* **30**：288（1992）

Topp, G.C. and Dane, J.H. (Eds.), *Methods of soil analysis, Part 4, Physical methods*, Soil Sci. Soc. Am. (2002)

粕渕辰昭, 土壌の熱伝導に関する研究, 農業技術研究所報告 B 33：1-54（1982）

中野政詩・宮﨑　毅・塩沢　昌・西村　拓, 土壌物理環境実験法, 東京大学出版会（1995）

第9章　環境問題と土壌物理学

Hillel, D.J., *Out of the Earth-Civilization and the Life of the Soil*, The Free Press (1991)

三島慎一郎, 農業に関わる物質収支の実態と課題—家畜ふん尿の発生と利用・地力の維持増進を中心として, 農業を軸とした有機性資源の循環利用の展望, 農業環境研究叢書第13号, 農業環境技術研究所編（2000）

農業環境技術研究所編, 農業生態系における炭素と窒素の循環, 農業環境研究叢書第15号（2004）

岩田進午・赤江剛夫・粕渕辰昭・長谷川周一・宮﨑　毅, 豊かな土つくりをめざして—環境土壌学—, 農業土木学会, 地域環境工学シリーズ5（1998）

ミロス・ホリー（岡村俊一, 春山元寿訳）, 侵食　理論と環境対策, 森北出版（1983）

農業土木学会, 改定6版農業土木ハンドブック, 本編第2部2. 農地の開発・整備・保全計画, 96-169, 農業土木学会（2000）

付録・本書に使われた記号

　土壌物理学では多くの移動現象を扱うので，使用する記号が多く，重複使用は避けられない．同じ記号が別の定義で使用されることも少なくない．もちろん，各記号の定義は本文中に記述されているので，それらの記号の定義を文脈から読み取る必要がある．本リストは，本文中で使用された記号を正しく理解しているかどうかの確認にも利用してもらいたい．

A：表面積
A：陽イオン
A：1 ha 当たりの土壌流亡量
A, A_3, A_4：フィリップの浸潤方程式における級数の係数
$A(0)$：土の表面温度の日振幅
a：気相率
a：円管半径
a（下付）：気体
a：定数
a：細管の断面積
B：A という陽イオンと区別される別の陽イオン
B：ブレナー数
b：定数
C：溶質濃度，溶液濃度，外液濃度
C：ガス濃度
C：光速
C：作物栽培による土壌侵食防止効果を表す因子
C', C''：各間隙中の溶質濃度

C_{gas}：気相中の溶質濃度
C_0：流入溶液濃度
$C(t)$：流出溶液濃度
C_v：土の体積熱容量
c_l：水の比熱
c_v：水蒸気の比熱
c_p：土の定圧比熱
D：暗渠の埋設深
$D(\theta)$：土壌水分拡散係数
D_{dif}：水中の溶質拡散係数
D_{soil}：土中の溶質拡散係数
D_{disp}：土中の水力学的分散係数
D_s：溶質分散係数
D_{TV}：温度勾配による水蒸気拡散係数
$D_{dif,soil}$：ガスの土中拡散係数
$D_{dif,air}$：ガスの気体中拡散係数
d：テンシオメータの素焼カップ埋設深さ
d：ヒートプローブ法における定数
d：地表面から地下水面までの距離
E：蒸発量

E_{max}：最大蒸発量
e：間隙比
f（下付）：間隙
f：暗渠管の埋設深さと不透水層深さの差
f_c：前進毛管力
G：土中熱伝導量
g：重力加速度
H：全ポテンシャルの水頭値
H_A：位置Aにおける全ポテンシャルの水頭値
H_B：位置Bにおける全ポテンシャルの水頭値
H_C：位置Cにおける全ポテンシャルの水頭値
H：暗渠管の埋設深さから見た地下水位上昇高さ
H：顕熱量
h：毛管上昇高
h：小円盤の厚さ
h：テンシオメータの圧力センサ設置高さ
h：圧力ポテンシャルの水頭値
h：サクション（マトリックポテンシャルの絶対値）
h_A：位置Aにおける圧力ポテンシャルの水頭値
h_B：位置Bにおける圧力ポテンシャルの水頭値
h_C：位置Cにおける圧力ポテンシャルの水頭値
h_s：管内の水面差
h_c：前進毛管力 f_c の絶対値
h_i：浸入開始前の初期マトリックポテンシャル
I：相変化速度
I：積算浸潤水量
i：浸潤速度
J：ジュール（単位）
J：動水勾配
K：土の受食性を表す項
K：真空中の誘電率を1とした場合の周囲媒体の比誘電率
K_s：成層土の全層飽和透水係数
K_d：分配係数
k_s：飽和透水係数
k_1, k_2：成層土の各飽和透水係数
$k(\phi_m)$：不飽和透水係数
k：土の透過係数
L：円管の長さ
L：土カラムの長さ
L：地表面から浸潤前線までの距離
L：水の蒸発潜熱
L：TDRのプローブ長さ
L：土壌侵食における斜面長因子
l：石けん膜の幅
l_1, l_2：成層土の各厚さ
M：ガスの分子量
M：質量
M_s：固体質量（＝乾燥質量）
M_t：全質量（＝湿潤質量）
M_w：水質量
Mg：メガグラム（単位）
N：粒子数
N：ニュートン（単位）
n：間隙率
P：畝立てや段畑による土壌侵食防止効果を表す項

Pa：パスカル（単位）
P_0：メニスカスを上から押す圧力
P：メニスカスを下から押す圧力
P：水圧
P：ガスの全圧
p：土の中の水蒸気圧
p_0：標準状態の水と平衡している水蒸気圧
Q：流量
q：水のフラックス（水移動現象のみを対象とする場合）
q_w：水のフラックス（溶質移動など，他の移動現象と同時に水移動現象が起きている場合）
q：負圧浸入計における定常浸入速度
q：最大降雨量
q：ヒートプローブの発熱量
q：拡散による水中の溶質フラックス
q_{soll}：拡散による土中の溶質フラックス
q_{adv}：移流による溶質フラックス
q_{disp}：水力学的分散移動による溶質フラックス
q_s：溶質フラックス
q_h：熱フラックス
q_l：液状水フラックス
q_v：水蒸気フラックス
q_{ad}：ガスの移流フラックス
q_{dif}：ガスの拡散フラックス
q_{in}：微小領域への流入フラックス
q_{out}：微小領域からの流出フラックス
R：遅延係数
R：気体定数
R：イオン交換体
R：降雨エネルギーに関する項
R：電気回路全体の抵抗値
R_1, R_2：直列回路の各抵抗値
R_n：純放射量
R_s：湧出し吸込み項
r：小円盤の半径
r：粒子半径
r：毛管半径
r：負圧浸入計における円盤半径
S：比表面積
S：暗渠管の埋設間隔
S：ソープティビティ
S：カラムの断面積
S：土壌侵食における斜面勾配に関する因子
S：吸着濃度（＝単位乾土質量当たりの吸着質量）
s：飽和度
s（下付）：固体
T：温度
$T(z,t)$：深さ z, 時間 t における温度
T_0：地表から無限深さまで全体の土の平均温度
t（下付）：全体
t：電磁波の伝播時間
t：時間
u：物理量
$\bar{u}$：平均間隙流速
V：体積
V_a：気体体積
V_f：間隙体積
V_s：固体体積
V_t：全体積
V_w：水体積（液相体積）

V_p：電磁波の伝播速度
W：仕事量
x：水平距離
y：変水位透水試験法における管内水位
z：鉛直距離
z_d：damping depth（制動深さ）
α：温度伝導度（熱拡散係数）
α：実験的に決められるパラメータ
η_a：ガスの粘性係数
η：土の間隙内温度勾配の，土全体の平均温度勾配に対する比
θ：体積含水率
θ：水とガラスの接触角
θ_s：飽和体積含水率
θ_i：初期体積含水率
θ_0：土表面の体積含水率
λ：分散長
λ：熱伝導率
λ_w：水の熱伝導率
λ_e：有効熱伝導率
μ：水の粘性係数
ξ：屈曲度

π：円周率
π：浸透圧，浸透ポテンシャルの水頭値
ρ：密度
ρ_s：土粒子密度
ρ_b：乾燥密度
ρ_soil：湿潤密度
ρ_ω：水の密度
ρ_gas：ガスの密度
ρ_∞：周囲の気体密度
σ：水の表面張力
ϕ_T：全ポテンシャル
ϕ_z：重力ポテンシャル（位置のポテンシャル）
ϕ_s：浸透ポテンシャル
ϕ_m：マトリックポテンシャル
ϕ_p：圧力ポテンシャル
ϕ：マトリックフラックスポテンシャル
ω：角振動数
ω：含水比
Δ：差

索引

あ 行

亜酸化窒素　77
圧力ポテンシャル　22
アルゴン　77
アルミニウム　62
アルミニウム八面体　9
アロフェン　9,10,118
暗渠　38
アンモニア態窒素　118
アンモニウムイオン　11

イオン交換　11
イオン交換吸着等温線　61
イオン交換現象　60
イオン交換式　60
イオン選択性　60
移植　15
一次鉱物　8
一次団粒　13
1：1型粘土鉱物　9
移動係数　89
異方性　120
移流　56,78
移流項　59
移流作用　54
移流・分散方程式　92
インクボトル効果　27

ウォーターロギング　115
雨滴侵食　123

永久荷電　10
液島モデル　81

か 行

易有効水分　29
SVE　80
A層　15
エネルギー輸送　1
塩害　114
鉛直浸潤　45

汚染地下水　78
汚染土壌　78,114
O層　15
温室効果ガス　2,77,114
温度勾配　69,89
温度振幅　95
温度伝導度　73

か 行

加圧法　100
外液濃度　61
カオリナイト　9
化学的風化　8
拡散係数　6
拡散作用　54
拡散電気二重層　11
拡散方程式　47
花崗岩　8
過酸化水素水　3
火山灰土　6,9
ガス拡散　80,97
ガス拡散係数　89
ガス濃度勾配　89
ガスフラックス　78
下層土　35
加速侵食　122
荷電　10

カリウムイオン　11
ガリ侵食　123
仮比重　5
岩塩層　115
灌漑　114
間隙　2
間隙比　7
間隙率　6
還元状態　120
完熟堆肥　84
含水比　7
慣性力　31
完全飽和　27
乾燥地　114
乾燥密度　5

基質　85
基準面　24,33
気相率　6
基礎方程式　89
気体定数　103
揮発性ガス　87
揮発性物質　78
揮発性有機塩素化合物　78
客土　15
吸引法　100
吸水過程　27,42
吸脱着　54,60
吸着　11,60,93
吸着等温線　61
吸着濃度　61
境界条件　95
凝集　12
凝縮熱　71

共有結合　8

空気侵入値　26
屈曲　55
屈曲度　81
駆動力　89
クラスト　123
グリーン-アンプトの理論　45
黒ボク土　6,9,26

ケイ酸四面体　9
傾斜地農業　124
経路長　55
結晶性粘土鉱物　9
顕熱輸送　71,96
顕熱量　68
現場透水試験　107

耕耘　15
耕起　78
好気性微生物　84
洪積土　6,35
呼吸　2,77
固相率　6
コロイド物質　2

さ　行

サイクロメータ法　103
最大降雨量　38
最大蒸発量　116
砕土　15
再分布現象　49
細流侵食　123
砂漠化防止　114
三角座標　3
酸性雨　62
酸素　77
三相構造　66
三相分布　4

CH_4 生成菌　84
ジオスタティスティックス　113

シオレ点　28,44
C層　15
湿潤密度　6
地盤沈下　31
重金属　114
重金属イオン　12
重金属汚染　62
収縮性　7
自由地下水面　18
収着　60
集約農業　117
重力加速度　20
重力項　35
重力ポテンシャル　23
ジュレンの式　20
純放射量　68
蒸気圧法　102
蒸散　2
硝酸イオン　12
硝酸汚染　117
硝酸化成　118
硝酸態窒素　15,118
蒸発　2
蒸発潜熱　8,68
蒸発熱　71
植物根　14
植物細胞膜　28
シルト　3
代かき　15,35
真空の誘電率　103
浸潤　44
浸潤前線　45
浸潤速度　45
浸潤理論　113
侵食速度　122
侵食抑制効果　123
湛水　115
深層土　50
浸透現象　49
浸透ポテンシャル　22
真比重　5

吸込み　93

水質環境基準　119
水蒸気拡散移動量　81
水蒸気拡散係数　72
水蒸気フラックス　72
水蒸気輸送　72
水食　121
水中溶質拡散係数　55
水田　15
水頭　26
水分恒数　28,44
水分上昇移動現象　49
水分特性曲線　18,26
水分容量　41
水平浸潤　46
水力学的分散　57
スケーリング理論　113
砂　3,26
スメクタイト　9
素焼板　100
スレーキング　123

正常侵食　122
静水圧　22
成層土　35
生長阻害水分点　28,44
制動深さ　95
石英　8
石英ガラス　69
積算浸潤水量　46
石膏ブロック法　104
接触角　19
絶対ゼロ気圧　102
漸移層　15
前進毛管力　45
選択係数　60
潜熱　2
潜熱輸送　66,71,96
全ポテンシャル　22

層位　15
相似則　113
相対湿度　2,103
相変化　96

索　引　137

相変化速度　96
ソープティビティ　48

た　行

体積含水率　6
体積熱容量　73
代表要素サイズ　113,120
対流　66,78
多孔質体　21
脱水過程　27,42
脱窒菌　120
棚田　124
ダルシーの法則　32
団粒　13

チェルノジョーム　13
遅延係数　94,118
地下浸透量　115
地下水　64
地下水位　38
地下水汚染　2
地球環境問題　114
窒素　77
窒素肥料　118
地表面温度　95
地表面蒸発　49
中性子法　104
沖積土　5,35
超音波　13
長石　8
直列回路　36
貯留量　90
地理的統計学　113

通過可能断面積　81
通気係数　6,79
土の不均一性　113

抵抗値　36
定水位透水試験　34
泥炭土　6
TDR　103
デシケータ　103

天地返し　84
伝導　66
田畑輪換　83

透過係数　78
同型置換　10
透水係数　33,89
動水勾配　34
透水性　15
土性　3
土壌汚染　2
土壌浄化　80
土壌浸食　121
土性図　4
土壌水分拡散係数　41
土壌微生物　80
土壌面蒸発　68
土壌劣化　121
土層分布　15
土中水　2
土面蒸発量　116
土粒子密度　5

な　行

軟エックス線　14

二酸化炭素　2,77
二次鉱物　9
二次団粒　13
2:1型粘土鉱物　9
日降雨量　38

熱移動　66
　──の基礎方程式　94
熱運動　54
熱拡散係数　73
熱収支　68
熱収支法　68
熱帯サバンナ林　115
熱伝導方程式　94
熱伝導率　8,69,89
熱と物質の同時移動理論　113

熱フラックス　69
粘性　8,32
粘性係数　78
粘性力　31
粘土　3
粘土鉱物　8

農地の肥沃性　124
濃度勾配　54
農薬　114

は　行

灰色低地土　26
バイオベンティング　80
排水現象　49
バイパス流　121
破過曲線　62
播種　15
パスカル　25
バッキンガム-ダルシー式　41
撥水性　20
半乾燥地　114
半透膜　22,28
汎用土壌流亡式　122

非圧縮性流体　91
pH　10,62
pH依存荷電　10
pF　25
非晶質粘土鉱物　9
ヒステリシス　27
ヒステリシス効果　41
ピストンフロー　63
微生物　10,114
B層　15
ヒートパイプ　73
ヒートプローブ法　104,109
比熱　8,73
比表面積　9
比誘電率　103
表層　15
表面張力　8,18

表面沈殿　11
表面流出　123

負圧浸入計　107
フィックの拡散法則　81
フィリップの理論　47
フィールド問題　113
風食　122
富栄養化　12
不易層　66
不均一　120
不均一性　64
不耕起栽培　124
フーゴットの式　38
腐植　10
沸化　123
物質循環　1
沸騰現象　100
物理的風化　8
不透水層　38
不飽和浸透流の基礎方程式　91
不飽和水分状態　21
不飽和透水係数　40
不飽和流　31, 39
フラックス　34
フーリエの式　69
ブレークスルーカーブ　62
ブレナー数　64
分散　12
分散剤　3
分散長　59
分配係数　61

平均間隙流速　56
平均自由行程　72
平衡状態　21
ベイドスゾーン　18
ペクレ数　64
ペルチェ効果　103
変異荷電　10
変水位透水試験法　105

ヘンリー型　61

ポアズイユの式　32
ポアボリューム　62
膨潤性　7
飽和浸透流の基礎方程式　90
飽和水分状態　21
飽和度　7
飽和透水係数　33
飽和流　31
母材　15
圃場容水量　28
保水性　18
ポテンシャル　18
ポテンシャル勾配　89

ま 行

マクロポア　14, 64, 107, 121
マサ土　8
マトリックフラックスポテンシャル　108
マトリックポテンシャル　22, 101

見かけの熱伝導率　72
水の性質　8
水ポテンシャル　23, 28
水マノメータ　21
水みち　42

メタン　77
メニスカス　19
面状侵食　123
メンブレン　100

毛管現象　19
毛管上昇高　20
毛管伝導度　40
毛管飽和　27
モニタリング　121
籾殻　84
モンモリロナイト　9

や 行

融解熱　8
有効水分　29
有効熱伝導率　72
誘電率　8
USLE　122
U字管　21

溶質　23
溶質移動　54
　──の基礎方程式　92
溶質拡散係数　55
溶質濃度勾配　89
溶質分散係数　59, 89
余剰窒素　119

ら 行

ライシメータ　83
ラプラスの方程式　91

離脱　93
リチャーズ方程式　91
粒径加積曲線　3
粒径分布　3
流出濃度曲線　62
流束　34
流速密度　34
履歴現象　27
リン　120
リン酸　9

レイノルズ数　31
礫　3
劣化土壌　114

炉乾法　103

わ 行

湧出し　93
湧出し吸込み項　93

著者略歴

宮﨑　毅（みやざき　つよし）
- 1947年　東京都に生まれる
- 1976年　東京大学大学院博士課程修了
- 現　在　東京大学大学院農学生命科学研究科教授
　　　　　農学博士

長谷川周一（はせがわしゅういち）
- 1948年　東京都に生まれる
- 1978年　北海道大学大学院農学研究科博士課程修了
- 現　在　北海道大学大学院農学研究科教授
　　　　　農学博士

粕渕辰昭（かすぶちたつあき）
- 1944年　滋賀県に生まれる
- 1966年　岐阜大学農学部卒業
- 現　在　山形大学農学部教授
　　　　　農学博士

土壌物理学　　　　　　　　　　　定価はカバーに表示

2005年5月30日　初版第1刷
2024年8月1日　　第18刷

　　　著　者　宮　﨑　　　　毅
　　　　　　　長　谷　川　周　一
　　　　　　　粕　渕　辰　昭
　　　発行者　朝　倉　誠　造
　　　発行所　株式会社　朝　倉　書　店
　　　　　　　東京都新宿区新小川町6-29
　　　　　　　郵便番号　162-8707
　　　　　　　電話　03(3260)0141
　　　　　　　FAX　03(3260)0180
　　　　　　　https://www.asakura.co.jp

〈検印省略〉

© 2005〈無断複写・転載を禁ず〉　　　Printed in Korea

ISBN 978-4-254-43092-9　C 3061

JCOPY　〈出版者著作権管理機構　委託出版物〉

本書の無断複写は著作権法上での例外を除き禁じられています．複写される場合は，そのつど事前に，出版者著作権管理機構（電話 03-5244-5088，FAX 03-5244-5089，e-mail: info@jcopy.or.jp）の許諾を得てください．

前九大 和田光史・前滋賀県大 久馬一剛他編

土　壌　の　事　典

43050-9 C3561　　　　　Ａ５判 576頁 本体22000円

土壌学の専門家だけでなく、周辺領域の人々や専門外の読者にも役立つよう、関連分野から約1800項目を選んだ五十音配列の事典。土壌物理、土壌化学、土壌生物、土壌肥沃度、土壌管理、土壌生成、土壌分類・調査、土壌環境など幅広い分野を網羅した。環境問題の中で土壌がはたす役割を重視しながら新しいテーマを積極的にとり入れた。わが国の土壌学第一線研究者約150名が執筆にあたり、用語の定義と知識がすぐわかるよう簡潔な表現で書かれている。関係者必携の事典

日本土壌肥料学会編

土　と　食　糧（普及版）
―健康な未来のために―

40019-9 C3061　　　　　Ｂ５判 224頁 本体2800円

学会創立70周年を記念して、学会の精鋭70名が地球環境問題に正面から取り組む。持続性のある食糧生産における土と植物がもつ機能の重要性を平易に開示。〔内容〕人類の文化と土と植物資源／土と植物のサイエンス最前線／日本農業の最前線

前静岡大 仁王以智夫・名大 木村眞人他著

土　壌　生　化　学

43056-1 C3061　　　　　Ａ５判 240頁 本体4900円

〔内容〕物質循環の場としての土壌の特徴／生化学反応と微生物／微生物バイオマス／土壌酵素／土壌有機物の分解と炭素化合物の代謝／窒素の循環／リン・イオウ・鉄の形態変化／共生の生化学／分子生物学と土壌生化学／環境問題と土壌生化学

前滋賀県大 久馬一剛編

最新 土　壌　学

43061-5 C3061　　　　　Ａ５判 232頁 本体4200円

土壌学の基礎知識を網羅した初学者のための信頼できる教科書。〔内容〕土壌、陸上生態系、生物圏／土壌の生成と分類／土壌の材料／土壌の有機物／生物性／化学性／物理性／森林土壌／畑土壌／水田土壌／植物の生育と土壌／環境問題と土壌

安西徹郎・犬伏和之編　梅宮善章・後藤逸男・妹尾啓史・筒木　潔・松中照夫著

土　壌　学　概　論

43076-9 C3061　　　　　Ａ５判 228頁 本体3900円

好評の基本テキスト「土壌通論」の後継書〔内容〕構成／土壌鉱物／イオン交換／反応／土壌生態系／土壌有機物／酸化還元／構造／水分・空気／土壌生成／調査と分類／有効成分／土壌診断／肥沃度／水田土壌／畑土壌／環境汚染／土壌保全／他

広島大 堀越孝雄・京大 二井一禎編著

土　壌　微　生　物　生　態　学

43085-1 C3061　　　　　Ａ５判 240頁 本体4800円

土壌中で繰り広げられる微小な生物達の営みは、生態系すべてを支える土台である。興味深い彼らの生態を、基礎から先端までわかりやすく解説。〔内容〕土壌中の生物／土壌という環境／植物と微生物の共生／土壌生態系／研究法／用語解説

石川県大 丸山利輔・京大 三野　徹編

地　域　環　境　水　文　学

44022-5 C3061　　　　　Ａ５判 192頁 本体4000円

地域の水循環の基礎を解説した教科書。〔内容〕地域環境水文学とは／大気中の水の動きと物質の動き／地表水の動きと物質の動き／土壌水の動きと物質の動き／地下水の動きと物質の動き／栄養塩類の流出とその制御／地域における水循環管理

小林洋司・小野耕平・山崎忠久・峰松浩彦・山本仁志・鈴木保志・酒井秀夫・田坂聡明著

森　林　土　木　学

47032-1 C3061　　　　　Ａ５判 176頁 本体3800円

環境資源としても重要な森林の維持・整備、橋梁や架線の設計などを豊富な図を用いて解説。学生や技術者の入門書として最適の教科書。〔内容〕序論／林道の計画／幾何構造／設計／施工／路体構造／路体保持／橋梁／林業用架線／付．林道規程

冨田武満・福本武明・大東憲二・西原　晃・深川良一・久武勝保・楠見晴重・勝見　武著

最新 土　質　力　学（第２版）

26145-5 C3051　　　　　Ａ５判 224頁 本体3600円

土質力学の基礎的事項を最新の知見を取入れ、例題を掲げ簡潔に解説した教科書。〔内容〕土の基本的性質／土の締固め／土中の水理／圧縮と圧密／土のせん断強さ／土圧／地中応力と支持力／斜面の安定／土の動的性質／土質調査／地盤環境問題

上記価格（税別）は2024年7月現在